**制造业高技能**应用丛书

编委会

编委会主任：张立新

副　主　任：张亚福

丛书主编：李　锋

副　主　编：董湘敏

编　　　委：白文韬　邓文亮　董湘敏　董英娟　段　莉

何婷婷　李艳艳　刘　静　刘翔宇　任小文

苏　磊　汤振宁　吴静然　杨　发　杨　峰

杨小强　杨志丰　姚　远　张黎明　张暑军

张香然　张永乐　张　宇　赵　玮

（按姓氏拼音排序）

组编单位：陕西航天职工大学

制造业高技能应用丛书

Rhino
产品设计数字
创意建模

张黎明　张暑军　主编

董英娟　苏磊　白文韬　副主编

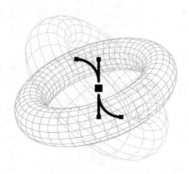

化学工业出版社

·北京·

内容简介

本书结合考证与岗位能力需求，重点介绍 Rhino 软件产品三维模型的创建与 KeyShot 软件产品效果图渲染、输出的方法、思路与技巧。全书包括理论基础篇（产品设计理论基础、产品设计开发中的计算机辅助设计）、技能基础篇（Rhino 个性化操作界面设置、曲线的构建、曲面的构建、实体编辑与操作、KeyShot for Rhino 渲染基础）以及实操与考证篇（初级综合实训案例、中级综合实训案例、高级综合实训案例），课后习题和附录中包含了考证的理论和实操样题。本书内容详实、图文并茂、重难点突出，设计技巧实用而高效，操作性与针对性较强。

本书主要面向从事工业产品设计工作的广大读者，可作为高校工业设计及相关专业师生的教学与学习参考用书，也可作为"1＋X"数字创意建模（工业设计方向）职业技能等级证书初、中、高级考证培训用书。

图书在版编目（CIP）数据

Rhino 产品设计数字创意建模/张黎明，张暑军主编 . —北京：化学工业出版社，2024.5

ISBN 978-7-122-44899-6

Ⅰ.①R…　Ⅱ.①张…②张…　Ⅲ.①产品设计-计算机辅助设计-应用软件　Ⅳ.①TB472-39

中国国家版本馆 CIP 数据核字（2024）第 071034 号

责任编辑：王　烨　　　　　　　　文字编辑：袁　宁
责任校对：李雨晴　　　　　　　　装帧设计：王晓宇

出版发行：化学工业出版社
　　　　　（北京市东城区青年湖南街 13 号　邮政编码 100011）
印　　刷：三河市航远印刷有限公司
装　　订：三河市宇新装订厂
787mm×1092mm　1/16　印张 15　字数 396 千字
2024 年 8 月北京第 1 版第 1 次印刷

购书咨询：010-64518888　　　　　　售后服务：010-64518899
网　　址：http://www.cip.com.cn

凡购买本书，如有缺损质量问题，本社销售中心负责调换。

定　　价：79.80 元

Rhino

计算机三维辅助设计技术的运用不仅能够快速、准确、逼真地表现产品的三维形态，而且能够全方位地查看造型效果、修改形态缺陷，大幅提升设计师的工作效率与产品设计、验证的周期，成为考察工业设计师岗位能力的核心要素之一。工业设计师需要在熟练运用软件技术的基础上，结合产品设计创新理论和方法，对产品创意方案进行数字化三维模型的制作与效果图的快速表现。

本书在充分调研行业企业对工业设计专业人才需求和职业岗位综合能力要求，深入分析学生学习成长规律的基础上，对接数字创意建模（工业设计方向）1＋X证书的考核内容，"岗课证"相融通，合理规划模块框架，形成依次递进、有机衔接、科学合理的教材内容，以提升考证学习过程的有效性与职业岗位的适用性。在此背景下，本书内容包括理论基础、技能基础、实操与考证三部分，涵盖了工业设计师进行产品三维建模和渲染全过程所涉及的核心知识点与技能点，是一本以实践操作为主，理论结合岗位实际的实用性图书。本书宏观框架结构清晰，以Rhino软件的建模技术为核心，以产品建模案例为载体，进行软件建模技术应用思路及底层操作逻辑阐述；微观内容设置上，重难点突出，实例之间按照由点到面、由易到难、由简到繁的递进关系排布，切实遵循教学与学习规律。通过实操与考证的完整项目训练，使学生建立起产品设计与渲染输出的整体概念，掌握Rhino软件的三维建模与KeyShot软件产品效果图渲染、输出的思路、方法和技巧，灵活运用软件进行产品三维数字建模及渲染表现。

本书面向应用型本科与职业院校工业设计相关专业的学生而编写，既适合初学者快速入门，也适用于有一定基础的读者掌握难点，巩固提高。书中包含了证书考核中的初级、中级到高级的核心内容和技能难点，对于参加"1＋X"数字创意建模（工业设计方向）职业技能等级证书的读者具有很高的参考价值。

本书的编者长期从事工业设计一线教学、"1＋X"数字创意建模（工业设计方向）职业技能等级证书的培训考核以及工业设计类大赛的相关工作，在"岗、课、赛、证"融通的教学改革与实践中具有丰富的经验。

本书由河北石油职业技术大学张黎明、张暑军担任主编，河北石油职业技术大学董英娟、苏磊，北京洛凯特文化传播有限公司白文韬担任副主编，张帆、刘伟超参编。在编写过程中，河北石油职业技术大学工业设计专业郭鹏、于汪涵、翟羽佳、任浩等同学为本书提供了部分设计案例，并做了许多协助工作，在此表示衷心的感谢。本书编写还得到陕西智展机电技术服务有限公司的帮助，一并表示感谢。

本书因篇幅与作者知识的局限性，书中难免有不足之处，诚望广大读者不吝赐教。

编者

Rhino 目录

CONTENTS

第 1 篇　理论基础

第 2 篇　技能基础

第 3 篇　实操与考证（Rhino）

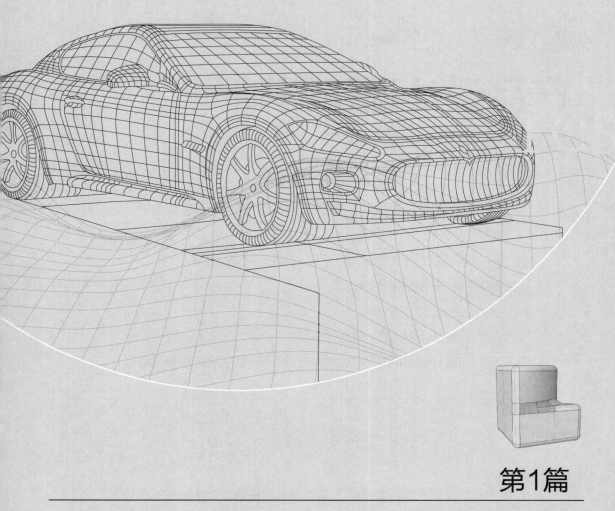

第1篇

理论基础

Rhino

第1章

产品设计理论基础

知识目标

① 了解广义的工业设计与狭义的工业设计（产品设计）的概念。

② 了解产品设计的基本原则。

③ 了解产品形态的基本要素与产品形态设计中的形式美法则。

④ 了解产品形态创新设计方法。

⑤ 了解CMF设计四大要素。

⑥ 了解产品设计中的人机因素。

⑦ 了解产品设计开发的基本流程与产品设计开发中的计算机辅助设计。

能力目标

① 能够将产品设计的基本原则、基本要素与形态设计中的形式美法则运用到产品形态设计中。

② 能够运用产品形态创新设计方法进行产品三维造型思路的分析。

③ 能够正确认识产品设计中的CMF四大要素及人机因素。

④ 能够正确理解产品设计开发各阶段的主要任务和目标。

⑤ 能够选用合适的软件进行产品设计开发中的计算机辅助设计。

1.1 产品设计概述

1.1.1 工业设计与产品设计

（1）广义的工业设计

广义的工业设计（generalized industrial design）是指为了达到某一特定目的，从构思到建立一个切实可行的实施方案，并且用明确手段表现出来的系列行为，包括造型设计、机械设计、电路设计、服装设计、环境规划、室内设计、建筑设计、UI 设计、平面设计、包装设计、广告设计、动画设计、展示设计、网站设计等一切使用工业化手段进行生产和服务的设计过程。

（2）狭义的工业设计

狭义的工业设计（narrow industrial design）单指产品设计，也是传统意义上的工业设计。工业设计自产生以来始终是以产品设计为主，因此，工业设计常常被理解成产品设计。它主要包括产品的形态、色彩、人机关系等方面。工业产品设计应用实例见图 1-1。

图 1-1　工业产品设计应用实例

根据国际工业设计协会联合会对工业设计的狭义定义，产品设计定义为：对于工业产品而言，在形态、色彩、材料、表面工艺、结构及使用方面给予产品以新的特质。

1.1.2　产品设计的基本原则

产品设计的基本原则：创新原则、美观原则、可行原则、合理原则、经济原则、环保原则。

（1）创新原则

人类造物的历史就是不断创新的历史，尤其是现代经济社会，物质的高度丰富和市场竞争的日益激烈，产品必以创新求得市场、赢得客户。以新设计制造新产品，满足人们求新求异、与众不同的消费心理，以及对产品的多样化需求。

（2）美观原则

审美是人与生俱来的特性。在经济高度发展、物品供过于求的时代，产品所体现的精神功能中，最重要的内容之一是对产品审美的需求，追求美观的产品是人们消费行为的重要特征。通过产品设计创造美的产品，使产品更能吸引消费者，提升产品的附加值，提升产品市场竞争力。

（3）可行原则

产品设计应符合现代工业化生产。在现实条件下，不仅要使产品能够制造、符合成型工艺、材料使用可行，还要保证产品安装、拆卸、包装与运输、维修与报废回收可行。产品设计可行，主要是指产品自设计之后，由产品计划转化为产品、商品，到废品的可行性。

（4）合理原则

这一原则包括：产品功能的合理，即产品功能是否实用，产品功能范围是否合适，产品功能发挥是否科学；产品设计定位的合理，即产品风格与产品性质的协调，产品档次的合理性，产品识别强弱对竞争的合理性，产品价格高低对购买力的合理性，产品外在形式对内在技术特性的合理性；产品人机关系的合理，即使用方式的合理性、使用安全的合理性、人机界面设置的合理性、产品舒适度的合理性等。

（5）经济原则

经济原则主要体现在设计与制造成本的控制。首先，产品设计直接决定了产品生产成本的高低。设计决定了成型工艺、材料、表面涂饰工艺、生产过程成本的高低。不同的设计方案，其模具成本各不相同。其次，经济原则不仅意味着降低产品生产成本，其成本大小相对于产品造型效果、质量水准、性能水准等还要控制在适当的水平，即所谓的价格/性能比、价格/质量比等要达到最优。

（6）环保原则

产品设计必须考虑到产品在制造过程中消耗最低、污染最少，产品在使用过程中能源消耗最低，产品在报废后形成污染最少或报废后可利用回收。

1.2　产品设计与形态

产品的颜值是消费者购买产品时一个非常关键的因素。新时代的产品更新迭代，也以外观迭代最为频繁。因此，就独立出一个领域专门设计产品的颜值，即外观设计。而外观设计经常分为形态设计和 CMF 设计，大企业里它们是分开的两个岗位，各司其职。首先来讲解产品形态设计。

产品的形态设计主要是指产品的外形、样式、外观等方面的设计，它与产品的功能、结构设计密切相关，对产品的市场竞争力和用户体验等具有至关重要的影响。

在产品形态设计方面，设计师需要考虑的因素非常多。

首先，产品的形态应该满足功能的需要。比如三门冰箱相比双门冰箱增加了"麻冻"的功能。其次，产品设计中所用的技术、材料与工艺决定了产品形态可变化的范围。例如，塑料材质的产品形态，其复杂程度及变化上的多样性要远远大于木材等。再次，用户的审美习惯和文化背景影响着产品形态。例如在不同的国家和地区，饮食习惯上的不同会影响餐具在外形上的不同。最后，产品的外形也需要考虑到使用场景和环境，比如同为交通工具的汽车和轮船，其形态差别很大。

总之，在产品设计与形态方面，设计师需要综合考虑多个因素，包括功能、外观、使用场景、用户审美等，以确保产品的整体质量和竞争力，并提供最佳的使用体验。

1.2.1　产品形态的基本要素

产品形态的基本要素属于造型基础课程的内容，在此只做简要描述。形态的基本要素可以从造型和结构两方面来分类。在造型方面，最基本的元素有点、线、面、体。

（1）点

在几何学的定义里，点只有位置而没有大小。点在产品中的出现，可能是因为功能需要，比如手机按键、发声孔、散热孔、机器旋钮等；也可能只是出于美化的需要，如在产品设计过程中根据形式美法则而采用点作为产品表面的装饰，点的大小、疏密、排列都会传递不同的信息，在设计中应该被重视。其实例见图 1-2。

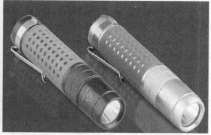

图 1-2　车载空气净化器与便携式电筒

（2）线

产品中线条不仅指外轮廓线，还包括曲面发生转折处和产品各部件的接缝。其实例见图 1-3。

图 1-3　耳机、兰博基尼和法拉利、便捷式无线 WiFi 路由器

（3）面

产品形态的面大体可分为以下三类：

① 直线形平面具有直线所表现的心理特征。其实例见图 1-4。

图 1-4　工业空调、板式家具生产线

② 几何曲面是以严谨的数学方式构成的具几何性质的曲面，包括圆柱面、圆锥面、球面以及简单的旋转体等。其实例见图 1-5。

图 1-5　安防机器人、云棒网络存储服务器、雾炮机器人

③ 自由曲面一般可由几何曲面变形、组合或分割等手法得来，曲面形式自由，无明显的数理规律，主要有支撑、楔入、贯穿三种关系。其实例见图 1-6。

图 1-6 小"蓝鲸"OLED 护眼灯、空气检测仪

1.2.2 产品形态设计中的形式美法则

无论是平面设计、服装设计、建筑设计、环境设计，还是产品设计，虽然设计内容千差万别，但设计的形式都是需要传递美感。

在现实生活中，人们因为生活阅历、文化素质、经济地位、价值观念等不同而具有不同的审美观念，在评价同一件物象的美丑时，不同的人总会存有差异。

任何一件有存在价值的事物，必定具备合乎逻辑的内容和形式。

形式美法则包括和谐、统一与变化、对比与调和、对称与均衡、比例与尺度、节奏与韵律等。

其中，"和谐"可理解为设计的目的；"统一与变化"是营造"和谐"的战略，是诸多法则中总的形式规律；而"对比与调和""对称与均衡""比例与尺度""节奏与韵律"等，则是具体的战术和手段。

（1）和谐

和谐指的是两种或两种以上的要素给人们带来的感受和意识，是一种整体协调的关系，既不单调乏味，也不杂乱无章。单独的颜色、单独的一根线条无所谓和谐，几种要素具有基本的共通性和融合性才能称为和谐。

其实例见图 1-7。

图 1-7 无须换水的生态鱼缸、门把手套

（2）统一与变化

统一是多个事物或组成单一事物的各个部分之间，具有过渡、呼应、秩序、规律等内在联系，形成一种一致的或具有一致趋势的整体感。其实例见图 1-8。

变化是指事物各部分之间相互矛盾、相互对立的关系。统一与变化是一对相对的概念，存在于同一事物中。其实例见图 1-9。

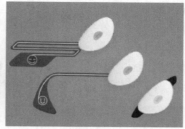

图 1-8　行车记录仪、M-BTF 魔力蝶情绪调节器

图 1-9　壁凳、加湿器

（3）对比与调和

对比与调和是指把反差很大的两个视觉要素配列于一起，使人们有鲜明而强烈的感触，它能使主题更加突出，视觉效果更加活跃。其实例见图 1-10。

图 1-10　电动摩托、肌肤护理器

（4）对称与均衡

在视觉上有自然、安定、协调、整齐、典雅、庄重、完美的朴素美感，符合人们的视觉习惯。对称可分为点对称和轴对称。其实例见图 1-11。

图 1-11　车载摄像头、智能实景骑行台

（5）比例与尺度

关于比例与尺度问题，分两部分来讲解：一是特殊比例特征，二是一组关于控制比例与尺度的工具。

从黄金比例矩形画法（图1-12）中可以看出，相似矩形对角线存在重合或垂直关系，反之，对角线垂直或平行的矩形具有相似关系。控制线分割示意图见图1-13。

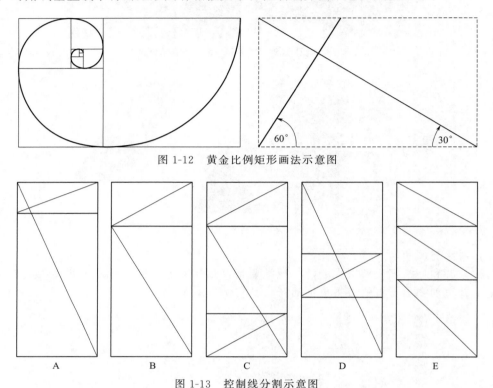

图1-12　黄金比例矩形画法示意图

图1-13　控制线分割示意图

（6）节奏与韵律

节奏是指事物运动过程中有秩序地连续或重复。在设计上是由相同或相似的单元在一定范围内重复出现而产生的一种连续或流动的感觉。韵律是产生了某种韵味的节奏。体现节奏与韵律的产品见图1-14。

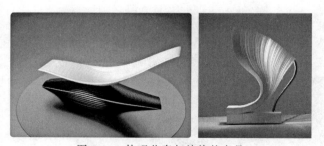

图1-14　体现节奏与韵律的产品

1.2.3　产品形态创新设计方法

产品形态设计的首要问题是要明确产品将卖给谁，以及他们的生活方式、文化背景、情感诉求等。不同的目标对象对产品形态的偏好是不一样的。通过对消费者审美和使用需求的准确定位，对市场类似产品形态的对比分析，发掘目前产品的不足之处，设计出新的产品外观和形态。就产品形态而言，主要用到的设计方法如下。

（1）几何形态设计方法

分割：对原有形体进行切除或分割划分。对一个整体进行分割，能让形态整体产生一定的变化，以防止形态整体过分统一单调。

分割的两种情况：只有线的分割，不发生体积改变（图1-15）；切除，发生了体积变化（图1-16）。

图1-15　只有线的分割

图1-16　切除分割实例

组合：将两个或两个以上的简单形态组合在一起，形成一个新的形态，以达到丰富整体形态的目的。组合形态实例见图1-17。

图1-17　组合形态实例

为防止组合后的形态出现杂乱无章、缺乏统一的效果，参与组合的单体要有主次之分，要突出整个形态中的主体部分。也就是说，不同形态积聚后形成的新形态应具有整体性，是一个有机整体。

变异：从一个基本几何形态，通过改变其形态特征，衍生出另一个新形态的变化手法。利用变异的手法，可以使简单呆板的形体变得丰富和生动。变异形态实例见图1-18。

（2）仿生形态设计方法

大自然的形态既丰富又充满美感，是设计师进行借鉴和创作的源泉。仿照大自然的形态

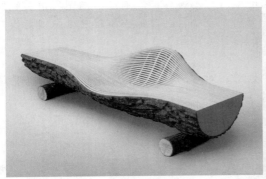

图 1-18　变异形态实例

进行产品外形设计的方法则为仿生设计，是设计师常用的造型方法之一。

仿生设计包括以下三种类型。

功能仿生：以强调基本功能的实现为主要目标，研究动物、植物等自然形态存在的功能原理，并使用这种功能原理去完成产品功能的升级换代。其实例见图 1-19。

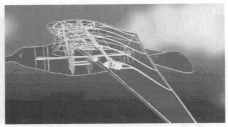

图 1-19　仿生鸟

形象仿生：又称具象仿生，它是一种对模仿对象外在特征的直接模仿与借鉴，以追求设计作品与仿生对象之间外形特征的形式相似性为主要目标的设计手法。作为工业产品，仿生设计的形态来自于自然，但高于自然，因为要满足批量化生产以及使用上的体验性需求，仿生形态会进行简洁化处理。其实例见图 1-20。

图 1-20　形象仿生蘑菇灯

意向仿生：又称抽象仿生，是在对仿生对象内在神韵或外在形态主要特征进行高度概括、提炼的基础上进行的模仿与借鉴，强调的是神似。神态的抽象仿生见图 1-21。

仿生的产品大多具有有趣、可爱、亲切等人性化造型特征，通过联想与想象，利用概括化的简洁形态反映仿生对象的独特性与产品美感，匹配产品的功能、结构与形态。

图 1-21　神态的抽象仿生

1.3　产品设计中的 CMF

1.3.1　CMF 设计的概念

CMF 的概念从字面上来看，是 Color（色彩）、Material（材料）和 Finishing（加工工艺）的缩写。但在当下的产品设计中，CMF 还包括了一个很重要的元素——Pattern（图纹），也就是说 CMFP 这四个元素，都是产品整体设计不可分割的重要部分（图 1-22）。CMF 设计是四大核心元素之间的相辅相成和相互制约。

1.3.2　CMF 设计四大要素的解读

（1）色彩

色彩是产品外观效果的首要元素，是人类视觉直观感受最为重要的部分，同样的造型采用不同的色彩，最终呈现的外观效果会有很大差别，并且带给消费者的感觉也是千变万化的，所以色彩是产品外观品质创意的重要源泉。当然没有材料与工艺的支持，色彩就没有施展其魅力的载体和平台。全彩 E-Ink 技术见图 1-23。

图 1-22　CMF 设计四大核心元素	图 1-23　全彩 E-Ink 技术：车身变换 32 种色彩

（2）材料

材料是产品外观效果实现的物质基础和载体。其实材料是决定工艺、色彩和性能的先决条件。新型材料与材料的新应用对 CMF 设计的重要性是不言而喻的，因为它们为产品创意提供了广阔的空间和丰厚的"土壤"。没有材料，无论是工艺还是色彩都将只能是空中楼阁。

标致 Inception 概念车（图 1-24），外饰上配备了独特的智能变色玻璃；采用了单涂层油漆，颗粒非常精细，车身与玻璃一样，可以通过色调的变化与外界环境互动。

该车内饰上采用了可变色反光的新型材料（图 1-25），具有特定的反射效果，内饰颜色会随驾驶环境和光线的变化而变化。

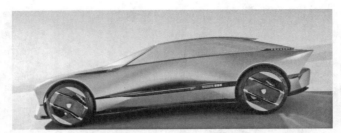

图 1-24　会变色会反光的概念车

图 1-25　概念车新型内饰材料

（3）加工工艺

加工工艺是产品成型及外观效果实现的重要手段，包括成型工艺和表面处理工艺两大类别。材料离开工艺不成型，没有型亦不成器，产品亦不成立。所以加工工艺与材料之间的相辅相成的关系是产品构建的基础，无论是产品的结构还是产品的外观，都是材料与工艺互助的结果，当然也包括色彩。工艺决定了可使用的材料与可实现的色彩。

如图 1-26，为 2020 年国际 CMF 设计奖-至尊金奖，罗曼智能科技的产品——电动牙刷。其从外壳到刷头均采用了渐变设计，共有冰雾桃、相遇紫、墨雾黑三款色彩可选。外壳基材为全透明材料，进行双面渐变喷涂打造。渐变工艺配合磨砂质感，进而实现一种冰雾渐变效果，非常美观。

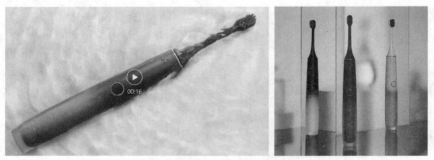

图 1-26　罗曼智能科技的产品——电动牙刷

（4）图纹

图纹是产品精神符号的外显。CMF 设计重点关注的是产品外表与消费者心理认同的美学价值，设计触点更多是在精神层面。图纹对 CMF 设计而言是产品外观品质升华的重要因素。图纹在 CMF 设计中主要包括两个方向：一个是装饰性；一个是功能性。如今的图纹设计不仅包括二维图形的符号特征，也包括三维立体肌理特征。随着设计多维度的发展，深层次提升图纹设计的符号含义和视觉体感是 CMF 设计的重要课题。当然图纹视觉效果和情感魅力的实现将会受限于色彩、材料与工艺。图纹应用案例见图 1-27。

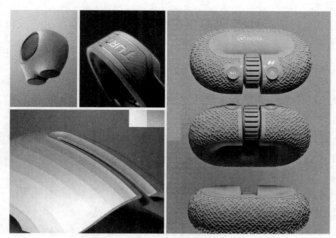

图 1-27　图纹应用案例

从逻辑概念看，材料是基础，加工工艺是手段，色彩是情感，而图纹是语言。

1.4　产品设计与人机工程学

1.4.1　人机工程学的概念

人机工程学也称人体工程学、人类工程学、人体工学、人间工学或人类工效学（Ergonomics）。工效学 Ergonomics 出自希腊文 "Ergo" 即 "工作、劳动" 和 "nomos" 即 "规律、效果"，也即探讨人们劳动、工作效果、效能的规律性。

人机工程学是一门研究人和机器及环境的相互作用，研究人在工作中、家庭生活中和休假时怎样统一考虑工作效率、人的健康、安全和舒适等问题的学科。人机工程学的本质是让产品在使用时最大限度地契合人体的自然形态、身体和精神，尽量减少主动适应，从而减轻疲劳。因此，设计过程中设计师在创新的同时还需要考虑人机工程学。

1.4.2　产品设计中的人机工程学问题

在产品设计中，人机工程学的问题涉及人物环境交互的各个方面，主要包括：

① 舒适性和体验：在设计商品时，需要考虑用户在使用产品时的感受和舒适度，以及产品的质量和工艺，达到良好的用户体验。

② 操作便捷性：设计时需要考虑操作的便捷性和效率，用户在使用产品时要方便、快捷、不易出错。

③ 人体生理特点：在设计产品时需要考虑人体生理特点，尽可能适应用户的生理需求，以达到长时间使用时不会疲劳或不适。

④ 安全性：产品设计需要考虑其安全性，如防止电击、防止爆炸、防止火灾等。

⑤ 环境适应性：产品要适应各种不同的使用环境，具有强大的环境适应性，如耐候性、防水性、防尘性、抗振性等。

人机工程学与产品设计密切相关。只有在满足用户需求的前提下，充分考虑人机交互的方方面面，才能设计出更为优秀的产品。

1.4.3 产品设计中的符合人机工程学的设计案例

（1）设计分析案例

某公司研发一种新型健身器械，要求体积小、重量轻、使用方便、价格适中，同时又要保证使用者的安全和舒适性。

分析：

① 体积和重量方面：考虑到用户很可能把健身器械带到公共场所或在家中移动位置，因此需要设计体积小、重量轻的产品，以方便搬运。可以采用可折叠、收缩等设计，以尽可能缩小体积和减轻重量。

② 操作便捷性方面：考虑到用户在运动时怕打扰到他人，设计器械时需要保证静音操作，不能产生噪声。同时，操作按钮须明显、简单易懂、不易出错，并且操作方式应尽可能符合人体力学，可以便于用户正确地使用这种健身器械。

③ 人体生理方面：考虑到运动会产生较大的压力，需要减小对用户某个部位的压力，使用户在长时间运动中不会产生任何的不舒适感。

④ 安全方面：设计的健身器械应避免使用一些不安全的材料、零件等，防止发生安全事故。同时，应考虑到运动时用户体液分泌、器械易滑等因素，在设计上尽量避免这些安全隐患。

⑤ 舒适性方面：考虑到用户在运动时需要有良好的身体支撑和一定的保护，设计健身器械时需要考虑人体接触部位的材料和软垫等，以确保使用者的舒适性。

因此，针对该公司新型健身器械的需求，需要考虑人机交互的多个方面，如体积和重量、操作便捷性、人体生理、安全、舒适等，从而设计出更好的产品。

（2）设计应用案例

符合人机工程学的转椅（图 1-28）：

赫尔曼米勒人体工学椅具有优异表现的同时，瑞士 ITO Design 设计工作室设计的椅子（Sequa chair）在人机工程学方面表现也很突出。该椅子在其网状靠背中融合了人机工程学框架和柔性网状面，形成了高度适应性的结构，可以动态跟随用户动作，始终提供最佳支撑，提供了卓越的人机工程学舒适度。

图 1-28 转椅（设计师：ITO Design）

MOFT 隐形笔记本电脑支架（图 1-29）：

MOFT 笔记本电脑支架，薄如硬币（厚度只有 3mm），轻如钢笔，几乎就像一个盖子一样粘在笔记本电脑的背面。该支架使用了一种巧妙的结构工程来支撑笔记本电脑，有两个角度的设置，适用于任何一款笔记本电脑。MOFT 有多种颜色来搭配笔记本电脑，可以在任何地方使用，在工作中，在家里，甚至在咖啡馆，笔记本电脑都能方便地工作。

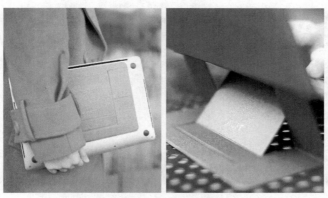

图 1-29　带隐形支架的笔记本电脑（设计师：MOFT Studio）

　　产品设计过程中，除了了解产品的功能与结构以及产品造型中的形态、色彩、材料、工艺、人机等之间的关系外，还会根据具体产品及使用的环境不同涉及相关的技术、人文以及心理学、生理学等方面的理论知识。因此，产品设计需要通过大量的设计实践将这些知识进行融合与贯通，并在不断的实践积累中能够运用这些理论知识进行产品的创新设计。

第2章
产品设计开发中的计算机辅助设计

2.1 产品设计开发的基本流程

（1）需求问题化阶段

此阶段的主要目的是根据项目任务需求以及设计调研结果洞察关键性问题，即将需求转化为具体的设计问题。包括以下流程：

- 确定设计选题、明确设计对象。

根据设计任务书分析产品设计的类型，明确产品设计的内容，运用 SET 分析、C-BOX 等方法确定设计选题，明确设计对象。

- 设计调研。

运用文献调查法、访谈法、观察法、有声思维与用户回顾记录、问卷调查等方法对用户的生活方式（生活形态）、消费倾向（消费环境）、行为、品位（风格产品），以及产品的市场竞争分析、产品使用调查（使用者意见、产品使用环境）、产品形象（设计语言、代表性产品）、技术趋势等特性进行设计调研。

- 需求分析及设计定义。

根据调研结果，结合用户日志、价值机会分析、问卷分析、商业画布、故事板、人物角色构建等方法总结需求要点，准确找到人群目标及产品设计定位，将需求问题化。

（2）问题方案化阶段

- 运用形象思维、发散性思维等创造性思维方法以及用途拓展、5W2H 等创意设计方法进行产品设计构思。
- 从产品功能、形态、色彩、材质、人机关系等要素出发，运用头脑风暴、坐标分析、类比等方法进行产品创意方案的展开。

（3）方案视觉化阶段

- 运用马克笔、彩铅或者数位板进行方案草图的设计表现。
- 运用 Rhino（犀牛）等三维建模软件进行产品三维模型的创建。
- 运用 KeyShot 软件进行产品效果图的渲染。
- 采用手工制作或快速成型方式进行产品模型制作、样机开发、用户测试。

2.2 产品设计开发中的计算机辅助设计

在产品设计开发的基本流程中，计算机辅助设计贯穿了整个方案的视觉化过程，包括产品方案草图数位板绘制中计算机二维辅助设计软件的运用、三维模型创建与表现中计算机三维辅助设计与渲染软件的运用、快速成型中切片软件的运用等都离不开计算机辅助设计技术的使用。产品的设计过程是一个由概念到细节、由简单到复杂、由外及内的过程。对应不同的阶段对视觉化表现的不同需求，计算机辅助设计软件主要应用在二维表现和三维表现领域。下面分别介绍两类软件在产品设计中的适用场景和表现形式。

（1）二维草图和效果图常用视觉化表现软件

常用的二维视觉化表现软件分为两种：一种是专长于矢量图形绘制与编辑的 Illustrator、CorelDRAW 等矢量软件；另一种是专长于图像处理、增加特殊效果的 Photoshop 等图像处理软件。根据两类软件的特点，充分发挥各自的优势，完成产品二维草图和二维效果图的表达。在一般的项目开发中，实际上掌握其中的一种软件就能够完成大部分任务。

二维软件的优势是造型创意绘制和修改比较快，较适合在创意构思和草案绘制时使用，能够快速进行创意方案的表现和推敲。如果运用三维造型与渲染软件来进行方案的表达与修改的话，所耗费的时间将增加很多倍。同时，材质、光影等用 Photoshop 软件能够快捷方便而效果逼真地表现出来。Photoshop 中用数位板绘制的二维创意草图和二维效果图见图 2-1、图 2-2。

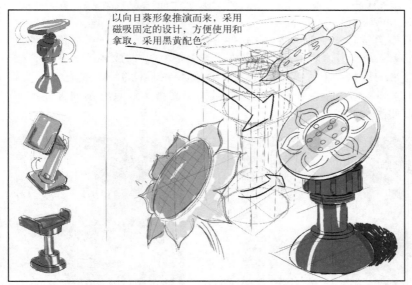

图 2-1　Photoshop 中用数位板绘制的二维创意草图

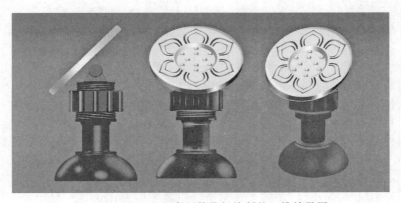

图 2-2　Photoshop 中用数位板绘制的二维效果图

（2）三维模型和渲染效果图常用视觉化表现软件

三维软件能够将产品设计方案进行较为逼真的表现，并可以全方位地查看其造型效果，检查装配干涉情况，并进行运动仿真模拟。比模型表现时间成本和资金成本更低。

目前的三维软件有很多，如 3DS MAX、Maya、SolidWorks、Creo 等，初学者经常会质疑"该从哪款软件学起？""哪款软件更能让我的工作效率更高？""哪款软件学完能够尽可能完成我的所有工作？"。下面就从软件的使用场景和软件建模的核心理念来看看这些三维软件的不同之处。而实际上，对于工业设计师，经常根据不同的产品造型特征以及模型的使用场景选择不同的软件完成工作，软件只是工具，完成一项工作，用什么样的工具也并不唯一。

根据软件的开发用途将 3D 软件分为以下三种。

CG 类三维软件：主要用于影视动画、虚拟现实、栏目包装等场景模型及动画的制作，主要软件有 3DS MAX、Maya、C4D 等；

CAID 类三维软件：主要用于计算机辅助工业产品外观设计，主要软件有 Rhino、Alias 等；

CAM 类三维软件：主要用于计算机辅助工业产品结构设计及计算机辅助制造，主要软件有 Creo、SolidWorks、UG 等。

从三维模型的核心建模理念将 3D 软件分为 Polygon 和 Nurbs 建模两种：

Polygon 建模方式创建的球体是用若干个多边形来逼近球体的形状的，当有足够多的多边形时，围起来的形状看上去就是一个光滑的球体，球体的结构线是纵横交错的很多根线，如图 2-3；而 Nurbs 建模在表现一个球体的时候，其结构线只有不同方向的三个圆，整个球面非常光滑，如图 2-4。

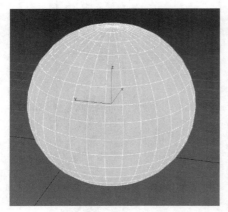
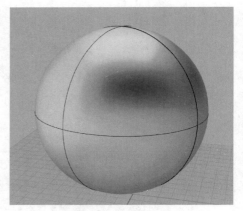

图 2-3　Polygon 球面　　　　　　　　　　图 2-4　Nurbs 球面

以上的三维建模软件中，CG 类软件的优势在于 Polygon 建模方式（虽然也有 Nurbs 建模的功能，但往往相比专业的软件，该项功能较为弱势），其他的都是以 Nurbs 建模为优势建模方式的软件。而 CAID 和 CAM 的核心建模理念的区别在于前者偏重于复杂的曲面建模（没有壁厚），后者则偏重于实体建模的理念（每个曲面必须有厚度或者形成实体），因为真实的产品零部件都是有厚度的，因此，只有符合 CAM 建模理念的模型才可直接用于加工制造。

另外，Nurbs 模型能够另存成 Polygon 模型，而 Polygon 模型则不能再变回到简洁的 Nurbs 模型。渲染时，Nurbs 模型需要在渲染器里处理成 Polygon 模型才能进行渲染，从渲染器导出的模型会变成 Polygon 模型。通常，建模和渲染是产品设计流程中不同的两个阶段。

　　本教程中，建模部分选用 Rhino 软件，因其是目前最容易上手的 Nurbs 曲面设计软件，也是绝大多数设计师最常使用的软件之一。其曲面设计的模块易于使用与操作，并且建模数据能够用于手板模型、3D 打印与工程设计，所以在设计类企业中广泛使用。Rhino 软件创建的三维模型见图 2-5。渲染选用 KeyShot 软件，它是目前使用最多的即时渲染软件，最大的优点是无须复杂的设定即可产生如照片一样的真实渲染效果，目前在设计类企业中广泛使用。KeyShot 软件渲染的效果图见图 2-6。

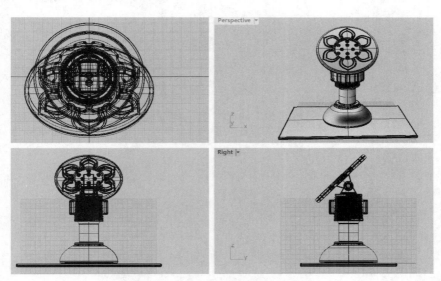

图 2-5　Rhino 软件创建的三维模型

图 2-6　KeyShot 软件渲染的效果图

简答题

　　1. 简述广义的工业设计与狭义的工业设计（产品设计）概念。

　　2. 举例阐述产品设计的基本原则都有哪些。

　　3. 举例阐述产品形态的基本要素与产品形态设计中的形式美法则都有哪些。

　　4. 说出 3 种以上常用的产品形态创新设计方法。

　　5. 根据自己的理解，阐述 CMF 设计的四大要素都有哪些以及它们之间的层级关系。

　　6. 产品设计开发的基本流程是什么？

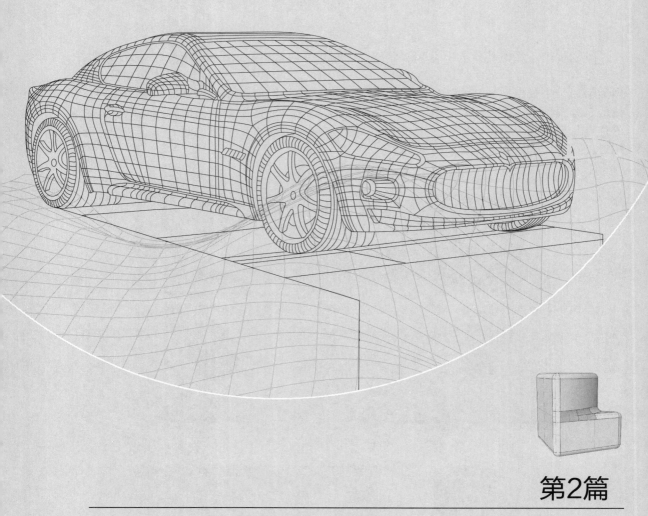

第2篇

技能基础

Rhino

第3章

Rhino个性化操作界面设置

知识目标

① 了解Rhino的默认操作界面各部分的主要功能。

② 了解对工具列进行设置的目的和方法。

③ 掌握Rhino软件常用显示模式的效果和显示内容。

④ 了解Rhino选项常规设置的目的和方法。

能力目标

① 能够熟练进行Rhino软件的基本操作。

② 能够熟练进行工具列的常用操作。

③ 能够灵活设置显示模式，有效进行产品模型的创建。

④ 能够熟练进行单位、格线、外观等选项内容的设置。

　　进行个性化操作界面设置之前，先来看 Rhino 的默认操作界面（图 3-1）及一些基本的操作，包括以下几部分：

　　菜单栏：以下拉菜单的方式选择 Rhino 软件的绝大部分命令。

　　命令栏：输入当前命令，查看历史命令操作信息。

　　工作视窗：默认顶视图、前视图、右视图以及透视图四个工作视窗。左键双击单个视窗标签，可进行视窗的放大和还原操作。可以进入"工作视窗配置"子工具列，进行视窗的设置、参考图的调入等，见图 3-2。

　　透视图工作视窗中对物体进行的基本操作：旋转透视角度（右键）、缩放物体显示大小（滚动中轴键，进行更为平滑微小的缩放时用 Ctrl＋右键）、平移物体在视窗中的位置（透视图里用 Shift＋右键，其他视图里用右键）。

　　状态栏：显示坐标、单位、图层信息，部分辅助建模工具列。其中操作轴的使用包括移动、旋转、缩放、精确移动、旋转及缩放、快速挤出物件、三轴等比缩放、复制物件、旋转并复制物件、单轴缩放并复制物件、三轴缩放并复制物件、改变操作杆的长度、同时改变三轴操作杆的长度、移动轴心位置、重置操作轴、对齐工作平面、对齐物件、操作轴的设置。

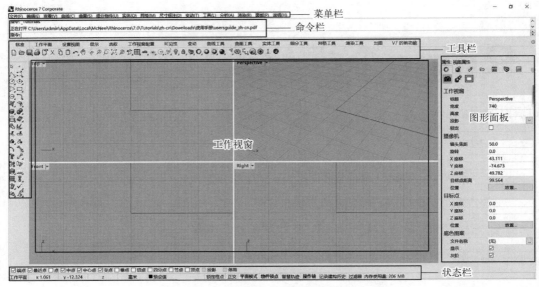

图 3-1　Rhino 的默认操作界面

图 3-2　Rhino 工作视窗配置

图形面板：快捷操作的工具区，单击区域内的 ⚙ 选项图标可自行设置显示的工具列。

工具栏：分为横排的子工具列标签以及竖排的主工具列标签。

子工具列标签除了标准以外，其他的标签是 5.0 版本以后才有的，它是将所有同类的标签进行了归类，以便用户能更好地使用。

主工具列标签是比较常用的标签，常用功能见图 3-3。

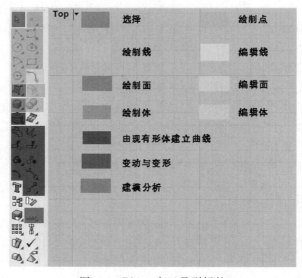

图 3-3　Rhino 主工具列标签

明确各部分的功能分类，建模时就能根据工具的用途快速找到相应的位置。

3.1　工具列的设置

工具列的设置主要是将经常使用的工具集成到一起以提高建模时的工作效率，即工具列的个性化设置。

3.1.1　工具列的快速显示

工具列的快速显示见图 3-4。

方式一：找到工具标签中右下角带小三角的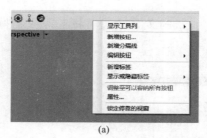，鼠标放在小三角上单击，对应的工具列快速显示，在工具列顶部灰条处按下鼠标左键不松手便可移动此工具列。

方式二：在横向或竖向工具列空白处单击鼠标右键，弹出如图 3-4（a）所示的菜单窗，鼠标滑过显示工具列选项，在弹出的窗口里选择需要显示的工具列，对应的工具列快速显示在工作视窗中。

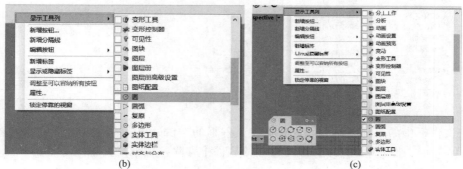

图 3-4　工具列的快速显示

3.1.2　工具列的打开和关闭

工具列的快速显示本质上只是将工具列进行了显示和隐藏（点击工具列右上角的小红叉标签），而工具列在软件中的打开与关闭需要通过下面的操作完成。

如图 3-5（a）所示，点击下拉菜单"工具"，单击子菜单"工具列配置"，出现如图 3-5（b）所示的弹出窗，其中文件框列出的是软件中已经打开的工具列组，点击文件框中的一个工具列，所包含的工具列则会相应地显示在下面的"工具列"显示框中。

鼠标放在文件框的空白处单击鼠标右键，在弹出的菜单中点击"打开文件"菜单项，选择

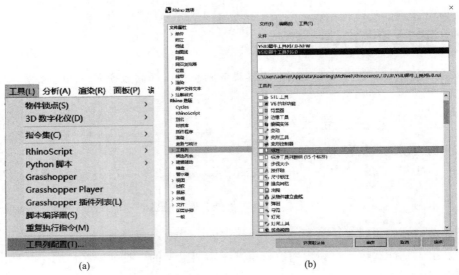

(a)　　　　　　　　　　　　(b)

图 3-5　工具列配置

弹出窗中的工具列文件（后缀为 rui 的文件），便可将工具列文件在软件中打开，见图 3-6。

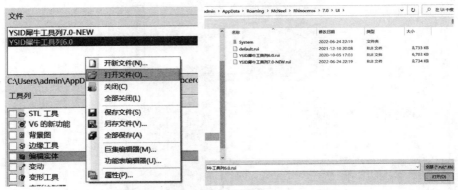

图 3-6　工具列打开

　　选中文件框中的一项工具列，鼠标放在文件框的空白处单击右键，在弹出的菜单中点击"关闭"菜单项，便可将工具列文件在打开的软件中移除，也就是真正地关闭。

3.1.3　自定义工具列

　　自定义工具列的设置主要是将经常使用的工具集成到一起以提高建模时的工作效率，即工具列的个性化设置。下面以中键工具列的设置为例进行讲解。

　　按下鼠标中键可以将默认的中键工具列显示在操作界面，通过以下的操作能够完成中键工具列的设置。

　　① 按下 Shift 键，鼠标左键将空白按钮拖到工具列外，即可将按钮移除。

　　② 按下 Ctrl 键，鼠标左键拖动别的工具列中的按钮到工具列中，即可将按钮增加到自定义的工具列中。

　　③ 选项窗口中，进入鼠标选项，在"弹出此工具列"选项的下拉菜单中找到"default.中键"项，即可将自定义的工具列与鼠标中键关联。

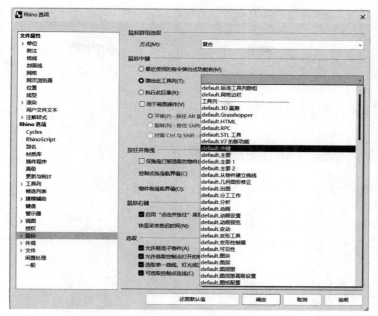

图 3-7　自定义中键工具列

3.2　显示模式设置

Rhino 软件提供了多种建模时的显示模式，其中前三种（线框、着色、渲染模式）最为常用。

物件显示模式设置见图 3-8。

① 快速切换：

方式一：右键透视图标签，切换显示模式；

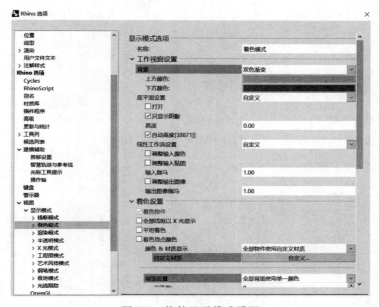

图 3-8　物件显示模式设置

方式二：点击鼠标中键切换显示模式。

② 快速更改设置：

点击横向工具列的"设置"标签，进入弹出窗口进行视图项显示模式的设置，进行默认材质的光影显示效果设置以及正反面颜色效果的显示设置。

3.3　Rhino 选项设置

3.3.1　单位、格线、网格选项设置

单位与公差的设置见图 3-9。

图 3-9　单位与公差的设置

格线的设置见图 3-10。

图 3-10　格线的设置

网格选项的设置见图 3-11。

图 3-11　渲染网格品质设置

3.3.2　建模辅助工具选项设置

重点是进行推移步距的参数调整来调节物体移动的步幅，见图 3-12。

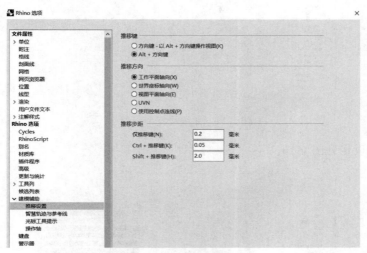

图 3-12　辅助工具的设置

3.3.3　快捷键设置

① 常用快捷键：取消选择或终止命令（Esc）、打开帮助文件（F1）、打开指令历史（F2）、切换到物体属性栏（F3）、显示或隐藏摄像机（F6）、显示或隐藏格线（F7）、打开或关闭正交模式（F8）。

② 快捷键的设定：左键点击"选项"标签，进入弹出窗，选择左侧"别名"选项，点击下方"新增"可以自定义新增快捷键。如图 3-13。

图 3-13　快捷键的设置

3.3.4　视图、外观、文件选项设置

视图中的曲线设置见图 3-14。

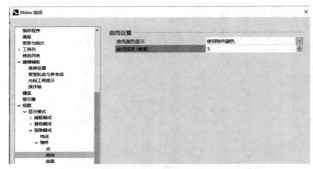

图 3-14　曲线线宽的设置

外观颜色的设定见图 3-15。

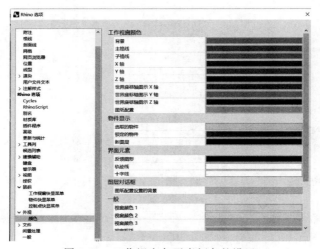

图 3-15　工作视窗各要素颜色的设置

文件保存位置的设置见图 3-16。

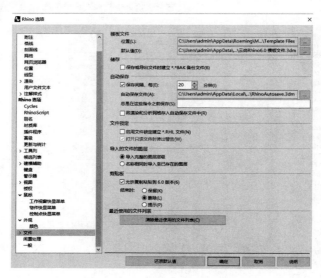

图 3-16　文件保存位置的设置

进行个性化的界面设计，将常用的文件、工具、显示等提前设置好，会大大减少重复操作耗费的时间，提高工作效率。

3.3.5　模板文件的制作

选择文件下拉菜单中的"另存为模板"选项，将设置好的文件存储成模板文件，新建文件时，选择存储的模板文件，并勾选当"Rhino 启动时使用这个文件"选项。如图 3-17 所示。

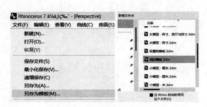

图 3-17　模板文件的制作

习题

一、选择题

1. Rhino 默认的模型单位是_____。

A. 厘米　　　　　　　　B. 毫米　　　　　　　　C. 分米　　　　　　　　D. 米

2. 工具列可以通过界面中工具的导入选项导入_____文件。

A. .jpg　　　　　　　　B. .3dm　　　　　　　　C. .rui　　　　　　　　D. .ini

3. 工作视窗有_____种视图。

A. 4　　　　　　　　　B. 6　　　　　　　　　C. 7　　　　　　　　　D. 8

4. 物件锁定、正交、智慧轨迹都是_____工具。

A. 建模辅助　　　　　　B. 网格　　　　　　　　C. 实体　　　　　　　　D. 曲线

5. 快捷键可以通过界面中选项一栏的_____来修改。

A. 视图　　　　　　　　B. 外观　　　　　　　　C. 键盘　　　　　　　　D. 鼠标

二、判断题

1. Rhino 默认的绝对公差是 0.001 单位。（　　　）

2. 工具列可以导入 .jpg 文件。（　　　）

3. 着色模式可以修改正反面的颜色。（　　　）

4. Rhino 的命令可以通过选项中的工具列修改。（　　　）

三、创建模板文件

要求如下：

1. 自定义中键工具列，包括：孤立显示、选择曲线、混接曲线、衔接曲线、混接曲面、斑马纹显示、显示外露边缘按钮。

2. 设置着色模式下的物体正面为给定的图片（图 3-18），背面为指定的颜色（RGB 值：191,163,0）。

3. 文件单位设置为毫米，公差设置为 0.01，渲染网格品质设置为平滑。

4. 设置快捷键，打断边缘用 bk，缩放用 sc。

5. 视图中的曲线线宽设置为 3，指定临时保存文件的位置为 E:\rhino。

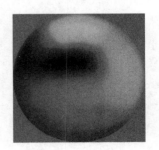

图 3-18　正面图片

第4章

曲线的构建

知识目标

① 了解Bezier曲线、B样条和Nurbs曲线的概念。
② 掌握曲线控制点、阶数、节点的概念。
③ 了解曲线连续性的概念及特征。
④ 掌握常用曲线的基本绘制方法。
⑤ 掌握运用已有物件创建曲线的方法。
⑥ 掌握常用曲线形态的更改方法。

能力目标

① 能够进行Nurbs曲线阶数、控制点数及连续性的更改。
② 能够进行曲线G1、G2连续性的手工匹配。
③ 能够进行曲线连续性的检测。
④ 能够进行矩形、圆形、星形等基本二维图形的绘制。
⑤ 能够运用控制点曲线、内插点曲线等工具进行二维图形的绘制。
⑥ 能够运用已有物件结合镜像、旋转等变动工具等进行曲线的创建。
⑦ 能够综合运用调节控制点、修剪与延伸、混接与衔接等曲线编辑工具进行曲线形状的更改。

　　Rhino（中文名称为"犀牛"）是三维自由曲面造型软件，底层核心是如何建立符合要求的曲线。所以要想掌握 Rhino 的建模思维，先要理解曲线的原理，才能明确曲线属性的意义，以构建符合产品造型要求的曲线。

4.1　Bezier 曲线、B 样条和 Nurbs 曲线的概念

　　计算机辅助设计中，设计师需要设计出各种各样的曲线，这些曲线在数学中，可以通过各种各样的方程表示，比如：通过点 $A(0,0)$、$B(2,2)$ 的直线可以表示为 $y=2x$；通过原

点（1，2），半径为 2 的圆可以表示为 $x = 2cosu + 1$，$y = 2sinu + 2$。对于更复杂的曲线可以用更复杂的方程来表示（比如用高次多项式）。设计师们不能像数学家一样根据自己的需要，用复杂的方程来表示想要的曲线，更希望能够通过一种直观的方式来设计曲线。

因此，科学家和工程师共同设计出了常用的 Bezier 曲线、B 样条和 Nurbs 曲线，通过改变控制点来直观地改变曲线的形状。

4.1.1　Bezier 曲线

Bezier 曲线（贝塞尔曲线）是由法国雷诺汽车公司的 P. E. Bezier 于 20 世纪 70 年代初为解决汽车外形设计而提出的一种新的参数表示法。这种方法的特点是：控制点的输入与曲线输出之间的关系明确，使设计人员可以比较直观地估计给定条件与设计出的曲线之间的关系。设计人员调整控制点的位置就能很方便地在屏幕上改变拟合曲线的形状，以满足设计要求。

Bezier 曲线是指用光滑参数曲线段逼近一折线多边形，只要给出数据点就可以构造曲线，而且曲线次数严格依赖确定该线段曲线的数据点个数。

曲线的形状依赖于该多边形的形状，即由一组多边折线（该多边折线称为特征多边形）的顶点唯一地定义出来，且只有该多边形第一个顶点和最后一个顶点在曲线上。Bezier 曲线及其特征多边形如图 4-1。

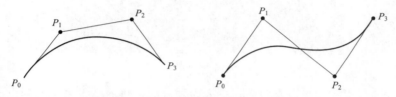

图 4-1　三次 Bezier 曲线及其特征多边形

注：该图是由四个控制点形成的三次 Bezier 曲线，曲线的形状依附于该特征多边形的形状，且特征多边形的第一条边线和最后一条边线分别表示曲线在第一个顶点和最后一个顶点的切线方向。

正是因为控制简便却具有极强的描述能力，Bezier 曲线在工业设计领域迅速得到了广泛的应用。不仅如此，在计算机图形学，尤其是矢量图形学领域，Bezier 曲线也占有重要的地位。今天我们最常见的一些矢量绘图软件，如 Flash、Illustrator、CorelDRAW 等，无一例外都提供了绘制 Bezier 曲线的功能。甚至像 Photoshop 这样的位图编辑软件，也把 Bezier 曲线作为仅有的矢量绘制工具（钢笔工具）包含其中。

Bezier 曲线存在的不足：

① 缺乏局部修改性，即改变某一控制点对整个曲线都有影响。

② 控制点数较多时，特征多边形的边数较多，对曲线的控制减弱。

③ 幂次过高难以修改（而在外形设计中，局部修改是要随时进行的）。

4.1.2　B 样条曲线

B 样条曲线是在 Bezier 曲线上的拓展变化，保留了 Bezier 曲线的优点，同时克服了 Bezier 曲线的一些缺点，Bezier 曲线的每个控制点对整条曲线都有影响，也就是说，改变一个控制点的位置，整条曲线的形状都会发生变化，而 B 样条中的每个控制点只会影响曲线的一段参数范围，从而实现了局部修改。

（1）几个属性

控制点（control points）：等价于 Bezier 曲线中的控制点，但不同的是 B 样条多项式的阶数可独立于控制点数目。例如，3 阶 Bezier 曲线有且只有 4 个控制点，但 3 阶 B 样条曲线可以有无数个控制点（前提是不能少于 4 个）。3 阶 6 个控制点曲线见图 4-2。

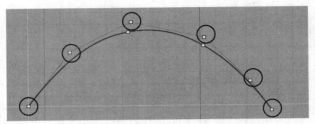

图 4-2　3 阶 6 个控制点曲线

控制点的权值：控制点的权值（图 4-3）是控制点对曲线或曲面的牵引力。权值越高，曲线或曲面会越接近控制点。本质上是改变了该控制点前面的系数。

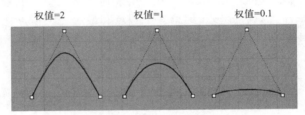

图 4-3　不同控制点权值

节点（knots）：跟控制点没有关系，是人为划分的，目的是将曲线划分为若干部分，各部分间相互影响又有一定独立性。3 阶 6 个控制点曲线上的节点见图 4-4。

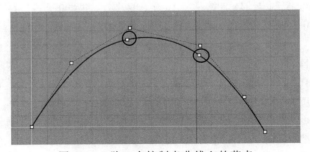

图 4-4　3 阶 6 个控制点曲线上的节点

控制点与节点、阶数之间的数量关系：

在 B 样条曲线中，控制点数量＝内部节点数量（不包括两个端点）＋阶数＋1。

当曲线内部节点为 0 时，则为最简曲线，即退化为 Bezier 曲线，此时其控制点数量＝阶数＋1。

在进行 Rhino 建模时，尽量使用最简曲线，这样通过曲线生成的曲面质量最高，也方便后期的修改。

（2）Rational（有理）

有了对控制点和权值概念的理解，"有理"这个概念就容易理解了。

曲线是否有理，取决于曲线上控制点的权值是否相等。

若曲线控制点权值全部相等，则为非有理曲线；若曲线控制点权值不相等，则为有理曲线。见图 4-5。

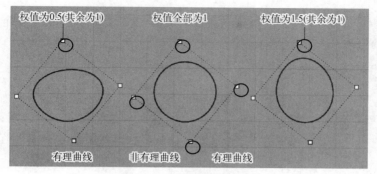

图 4-5　有理与非有理曲线

（3）Non-Uniform（非均匀）

曲线是否均匀，取决于曲线节点的差异值是否相同。若曲线节点差异值相同，则为均匀曲线；若曲线节点差异值不同，则为非均匀曲线。那什么是节点的差异值呢？

当在 Rhino 中用内插点的方式建立曲线时，这些内插点会转化为曲线节点的参数值，是曲线节点的一个属性，但我们看不到数值。

而曲线节点参数值的参数间距，就是节点的差异值，其决定了曲线参数化的情况。参数间距也是一个抽象的概念，并不是节点之间的距离。

在节点的参数间距都是 1 的情况下，称为均匀。

在节点的参数间距都是内插点之间距离的情况下，称为弦长。

在节点的参数间距都是内插点之间距离的平方根的情况下，称为弦长平方根。

其中，差异值为"弦长"和"弦长平方根"都是非均匀的，只有在差异值都为 1 的情况下，曲线才是均匀的。

内插点曲线通过节点（K）设置曲线的均匀性见图 4-6。

```
指令: _InterpCrv
曲线起点 ( 阶数(D)=3 适用细分(S)=否 节点(K)=弦长 持续封闭(P)=否 起点相切(T) )
下一点 ( 阶数(D)=3 适用细分(S)=否 节点(K)=弦长 持续封闭(P)=否 终点相切(N) 复原(U) )
节点 <弦长> ( 均匀(U) 弦长(C) 弦长平方根(S) ):
```

图 4-6　内插点曲线通过节点（K）设置曲线的均匀性

在 Rhino 中，用"控制点"建立的曲线默认是均匀曲线（差异值都为 1），而用"内插点"建立的曲线，需要手动设定是否为均匀曲线。这就是绘制曲线时优先选用控制点的方式创建曲线的原因。

4.1.3　Nurbs 曲线

Bezier 曲线和 B 样条都是多项式参数曲线，不能表示一些基本的曲线，比如圆，所以引入了 Nurbs 曲线，即非均匀有理 B 样条来解决这个问题。

三种曲线的关系：

Bezier 曲线是最早提出也是最简单的一种曲线，但无法局部修改。B 样条曲线稍后提出，解决了 Bezier 曲线无法局部修改的缺点。Nurbs 曲线最后提出，定义最复杂，能表达的曲线最灵活。主要是解决 B 样条不能画椭圆、圆和双曲线的问题。

4.2　Nurbs 曲线的属性

Rhino 是基于 Nurbs 曲线的三维造型软件，因此，要想理解 Rhino 建模的本质，先要弄懂 Nurbs 曲线的原理。

4.2.1　曲线阶数与点数

Rhino 里的 Nurbs 曲线的阶数，是描述曲线的方程式组的最高指数。比如圆的方程式是 $(x-a)^2+(y-b)^2=r^2$，最高指数是平方，所以标准圆是 2 阶的。阶数越高连接越顺滑，点数就是曲线的控制点的数目，点数＝阶数＋1，也就是说 3 阶曲线需要的控制点数目至少是 4 个，6 阶曲线需要 7 个或 7 个以上的控制点来约束。

（1）Rhino 里曲线阶数与控制点数的查看方式

选择要查看的曲线，点击右侧物件属性面板中的"详细数据"按钮，在弹出的物件描述窗口中可查看曲线的阶数和控制点数，见图 4-7。

图 4-7　Rhino 里曲线阶数与控制点数的查看方式

（2）Rhino 里几种常用曲线阶数与控制点数

为了确保生成最简曲面，并较好地拟合产品三维形态，绘制曲线时，优先从以下几种情况的曲线中根据需要进行选择，见图 4-8。

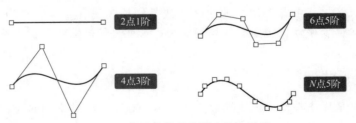

图 4-8　常用曲线的控制点数和阶数

绘制曲线时，控制点的数量必须大于等于阶数＋1，例如，当设定 CV 曲线（控制点曲线）的阶数为 5 时：当绘制 2 点时，自动降为 1 阶；当绘制 4 点时，自动降为 3 阶；当绘制 6 点时，就是 5 阶，属于极顺曲线；当绘制 N 点时，也是 5 阶，中间会有 $N-6$ 个节点。

4.2.2　曲线几何连续性

Nurbs 曲线是用低阶数扩充出无穷多个节点实现造型的技术，用节点把多个低阶数曲线连接起来，在接合的位置保持一定的顺滑度，这个顺滑度即曲线的连续性，通常用 G0，G1，G2，G3，…，Gn 来描述，数字越高，连续性越好，曲线越顺滑。

曲线连续性包括曲线内部的连续性（曲线节点位置处的连续性）、曲线之间的连续性。对于曲线的连续性可以用 ![曲率梳图标]（曲率梳）来查看，曲率梳显示了曲线的曲率变化的方向和大小。

图 4-9 显示的是两条曲线连接处的顺滑程度以及"曲率梳"的查看结果。

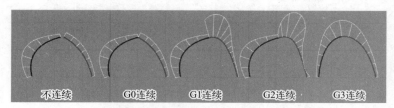

图 4-9　两条曲线连接时的不同连续性及其曲率梳图形

不连续：两条曲线断开，没有连续性。

G0 连续：位置连续，两条曲线的端点重合，利用端捕捉达到 G0 连续，曲率梳图形在连接点的方向和长度都不一样。

G1 连续：相切连续，两条曲线在连接处的切线方向一致，曲率梳图形在连接点方向一致，但长度不一样。

G2 连续：曲率连续，两条曲线在连接处的曲率半径相同，曲率梳图形在连接点的方向和长度都一致。

G3 连续：两个曲线交点处的曲率的变化率是一致的，曲率梳图形在连接处呈现光滑过渡。

……

一般来说，两条曲线能做到 G1 连续（相切连续），肉眼就已经分辨不出明显的不协调感了。如果不是制作高精度的曲面，例如汽车车身，一般做到 G2 连续（曲率连续），就已经能满足绝大多数建模精度的要求了。

4.3　曲线属性的更改

对于同一条曲线，当曲率梳线条显示变化比较均匀时（图 4-10），则表示曲线的光顺性比较好，反之（图 4-11），则比较差。这时可以通过调整曲线的控制点使曲线尽可能顺滑。控制点的数量应在保证曲线形状的前提下尽可能地少，以便于调节。

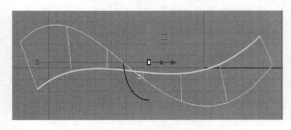

图 4-10　曲率梳变化均匀图

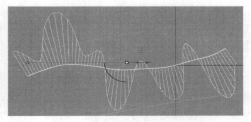

图 4-11　曲率梳变化幅度差别较大

对于绘制好的曲线，当经常需要更改曲线的属性（控制点数、阶数、起始点位置）时，通常会采用下面的两种方式。

4.3.1 重建曲线

点击 （重建曲线）标签（图 4-12），修改弹出窗口中的点数和阶数（图 4-13），可进行曲线的重建，重建的曲线点的间距会比较均匀，曲线会保持较高的顺滑度。重建曲线在绘制曲线中也是较常用的方法，经常先画一根直线，然后进行曲线重建，再调节控制点成为需要的形状。重建曲线操作案例见图 4-14。

图 4-12 重建曲线工具标签

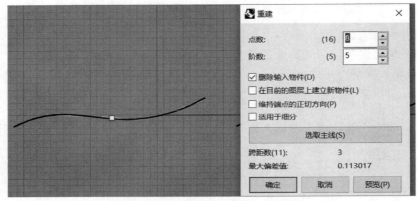

图 4-13 重建曲线修改属性弹出窗口

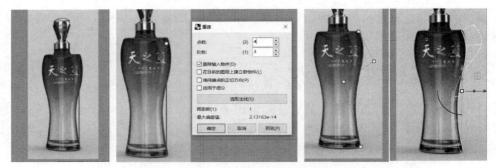

图 4-14 重建曲线操作案例

4.3.2 升阶与降阶

点击 （更改阶数）标签，在命令行中输入修改后的阶数，可进行曲线阶数的修改。按照最简曲线控制点数＝阶数＋1 的原理，无论是由低阶改为高阶还是由高阶改为低阶，其控制点都会相应地按照阶数＋1 进行改变，如图 4-15。

文件(F)　编辑(E)　查看(V)　曲线(C)　曲面
已加入 1 条升放的曲线全选取集合。
指令: _ChangeDegree
新阶数 <3> (可塑形的(D)=是): 5

图 4-15　更改阶数工具标签及命令行参数更改

4.3.3　曲线方向的调整

同样的曲线，起始位置及方向不同时会对成型的曲面形状产生影响（如图 4-16）。

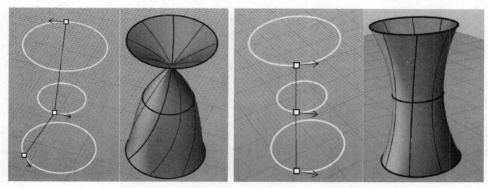

图 4-16　起始位置及方向不同的曲线放样成型产生的曲面

绘制时曲线上定位的第一个点是曲线的起点，曲线延伸的方向是默认方向，可以通过
（方向分析）工具查看并改变曲线的起点与方向，见图 4-17。通过（调整封闭曲线的
接缝）改变封闭曲线的起点位置与方向，见图 4-18。

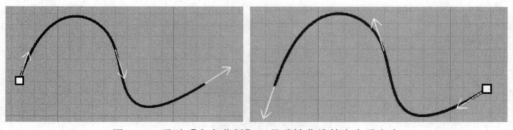

图 4-17　通过【方向分析】工具反转曲线始末点及方向

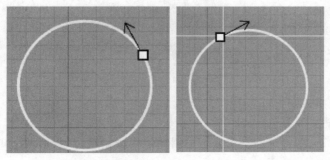

图 4-18　通过【调整封闭曲线的接缝】工具调整封闭曲线起始点及方向

4.4　常用曲线的构建方法

点、线、面、体是构成产品立体形态的基本要素，本部分内容将着重进行曲线绘制、编辑方法的讲解，很多时候曲面绘不好就是因为所用的曲线没有绘制好，所以优质曲线的绘制既基础又重要。

4.4.1　点的绘制

点工具主要用来建模辅助，常用的指令较少，操作也比较简单，在各个命令标签上尝试操作便能很快掌握。点工具列见图 4-19。

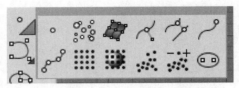

图 4-19　点工具列

下面着重介绍一下常用的最接近点和分段点的使用方法。

① 最接近点。建模中，当我们想要找出两个实体上相距最近的点时，其中一个实体必须是线或点，可点击 ⚡（最接近点）标签，选取要产生最接近点的目标物体，按回车键后点击物件选项，选取曲线或点物体，即可得到图 4-20 中曲线和曲面上距离最近的两个点。

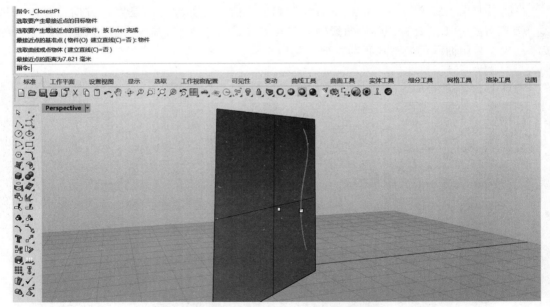

图 4-20　在一条线上找出一个距离面最近的点

② 分段点。分段点命令在划分曲线时比较常用，需要注意的是点击鼠标左键或右键的用法将会不一样，使用的时候要看清楚。分段点工具标签见图 4-21。

图 4-22 和图 4-23 是同一条曲线分别采用"依线段长度分段曲线"和"依线段数目分段曲线"的区别，同时输入参数值为 8。

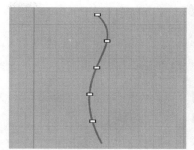

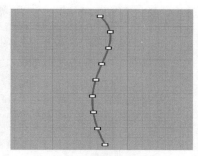

图 4-21　分段点工具标签　　　　图 4-22　依线段长度分段曲线　　　　图 4-23　依线段数目分段曲线

4.4.2　直线的绘制

　　Rhino 软件以曲面造型为主，用到的直线命令相对较少，常用的只有几个。但是在适合的使用环境下，这些命令的运用也能提高模型创建的速度。我们必须了解这些命令的用途，最好将每个指令都试下，当需要的时候，便能够快速找到并正确使用。

　　这里着重讲 ✂（与工作平面垂直）标签的应用。利用该工具可以直接在 Rhino 的透视图里绘制三维空间线，不用来回在四个视窗切换。也可以使用快捷键：按住 Ctrl 再点击具体的点生成直线。如图 4-24 所示。

图 4-24　【与工作平面垂直】绘制直线标签

　　首先按下 Ctrl 键定位工作平面上的点的位置（这里已经在平面上先画了几个点来确定要画的空间点的 X、Y 坐标），松开 Ctrl 键便可画垂直于工作平面的点，输入数字，确定空间点的 Z 坐标，便可绘制出空间直线的一个端点，继续按照此方法绘制其他的端点，以绘制出多段空间直线。如图 4-25 所示。

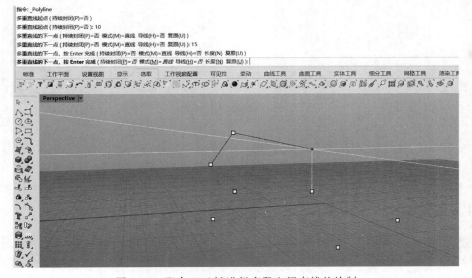

图 4-25　配合 Ctrl 键进行多段空间直线的绘制

4.4.3 圆的绘制

圆的绘制中需要注意封闭图形起始点的问题，当选择以默认方式中心点、半径绘制圆时，如果是鼠标随意点击平面生成圆，那么得到的圆的起始点就会是一个任意的角度，后期调整会比较麻烦，见图4-26。

因此画圆时最好养成一个好的习惯，在绘制圆的时候开启正交模式，这样，圆的控制点就是横平竖直的，见图4-27。

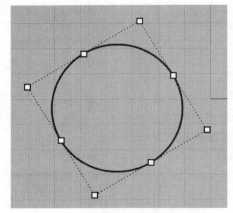

图 4-26　在任意位置点击生成的圆

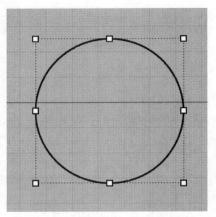

图 4-27　在正交模式下点击生成的圆

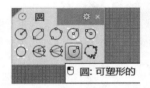

图 4-28　可塑形圆工具标签

圆的工具标签里有一个"可塑形的"（如图4-28），通常创建的圆移动控制点时曲线会形成尖角（如图4-29），无法编辑。选用"可塑形的"时，可以直接设置圆的阶数和点数，编辑性更强，形成的曲面顺滑度会更高一些（如图4-30）。

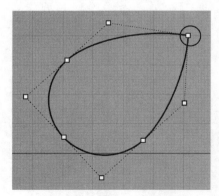

图 4-29　【圆】工具绘制的圆

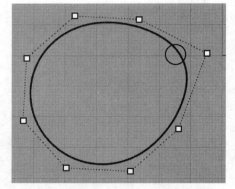

图 4-30　【可塑形的】工具绘制的圆

4.4.4 自由曲线的绘制

Rhino软件的强项是曲面造型，曲面造型中很多结构线都是自由曲线，因此，自由曲线是Rhino绘制曲线时经常用到的工具，下面着重讲解这组工具中最常用的 ▦（控制点曲线）和 ▦（内插点曲线）。

对于新手来说，内插点曲线工具是在曲线上取点创建曲线，因为比较直观，新手会觉得用起来更顺手，经常为了更准确地表现曲线形状而点了较多的点。但就曲线质量以及后续的编辑来说，控制点曲线工具更好一些。一方面，控制点曲线工具能够更好地运用最少的控制点构建曲线形状；另一方面，不管以哪种方式创建的曲线，编辑曲线时都是打开曲线的控制点（F10）进行曲线调整的，这种方式更能准确对应曲线的编辑模式。因此，建议优先选用 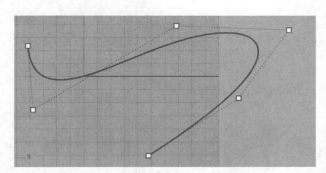（控制点曲线）方式创建曲线，见图 4-31。

图 4-31　【控制点曲线】绘制右上角的凸角最简曲线需要三个控制点

4.4.5　坐标输入方式

Rhino 软件在进行精确图形创建的时候，和其他 CAD 软件一样，需要根据不同的已知条件采用不同的坐标系统来确定精确的位置。常用的坐标系有直角绝对坐标、直角相对坐标以及极坐标。

直角相对坐标输入方式为 rΔx，Δy，Δz，其中，r 表示相对坐标，Δx、Δy、Δz 分别表示三个轴向要确定的位置与前一个操作点之间的相对值。

极坐标输入方式为 r 长度<角度，其中，r 表示相对坐标，长度为要确定的位置与前一个操作点之间的距离，角度为要确定的位置与前一个操作点连线与水平线之间的夹角，逆时针测量值为正值，顺时针为负值。

4.5　运用已有物件创建曲线

除了上述的基本创建方法外，还可以结合镜像、旋转等变动工具以及结构线复制等用已有物件创建曲线的方法。

4.5.1　镜像复制曲线

对于对称的形体，创建曲线时，先绘制其中的一半，另一半采用镜像复制的方式保证形体的绝对对称。如图 4-32 所示鼠标案例（绘制红色线条圈出的鼠标上壳体曲面），制作要点如下。

（1）绘制黄色边界曲线

① 参照俯视图鼠标图片绘制曲面边界的一半曲线，注意控制点从轴线位置开始，所用控制点越少越好，如图 4-33。

② 在右视图中以正交的方式上下调节控制点的 Z 方向，让这条线的形状与鼠标的曲线重合，如图 4-34。

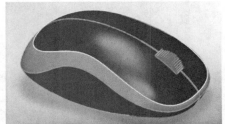

图 4-32　鼠标案例图片

图 4-33 绘制曲面边界的一半曲线

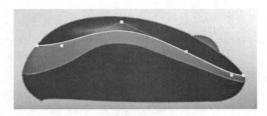

图 4-34 与鼠标的曲线重合

③ 利用镜像工具创建右半部分曲线（图 4-35），对于镜像的曲线，要利用衔接曲线工具对左右曲线进行衔接（图 4-36），以确保曲线接缝处的连续性。

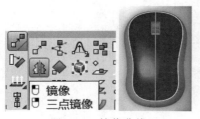

图 4-35 镜像曲线

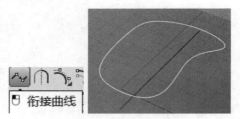

图 4-36 衔接曲线

（2）绘制顶部曲线

① 参照右视图鼠标图片绘制顶部绿色曲线（图 4-37）。

② 在顶视图中利用垂直置中工具将绿色曲线所有控制点对齐到中轴线上（图 4-38）。

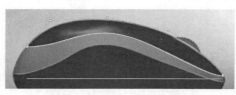

图 4-37 绘制顶部曲线

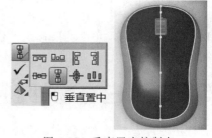

图 4-38 垂直置中控制点

（3）放样曲面

利用曲面创建工具【放样】进行曲面的创建，如图 4-39。最终生成的曲面见图 4-40。

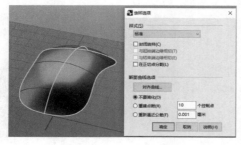

图 4-39 放样选项设置

图 4-40 最终生成的曲面

4.5.2　旋转复制曲线

对于成角度的相同曲线可以通过旋转复制的方式直接进行创建，如下面要介绍的风扇扇叶的制作案例。

顶视图中绘制圆筒和一条直线（如图 4-41），点击【旋转】标签，选择直线，命令栏选项中"复制＝是"，将直线进行复制旋转（这里旋转30°），然后将复制后的直线 Z 轴向上移动（如图 4-42）。创建两端曲线，运用双轨或其他成面工具创建风扇叶片（如图 4-43），运用面的偏移工具偏移出叶片的厚度，风扇的一个叶片即可创建完成（如图 4-44），利用圆形阵列工具阵列出其余的扇叶，便可得到风扇的造型（如图 4-45）。

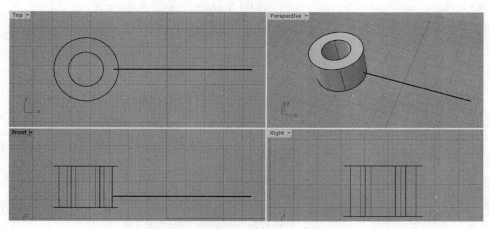

图 4-41　绘制圆筒和一条直线

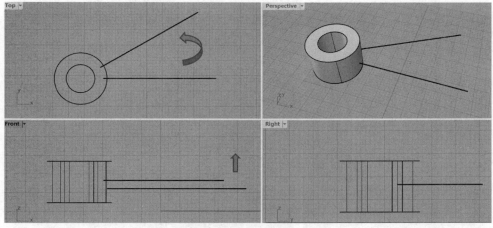

图 4-42　旋转复制直线并向上移动

4.5.3　移动、缩放复制曲线

配合 Alt 键来使用，也是 Rhino 里常用的快捷操作之一。操作时，先选取曲线，然后按住 Alt 键，移动或者按住缩放轴对曲线进行复制。等比例缩放时可同时按下 Alt＋Shift 键，其操作过程与 Photoshop 软件有类似之处。

运用案例——小音箱局部造型三维建模：

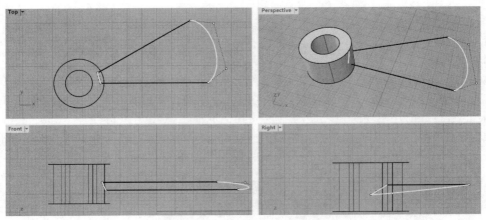

图 4-43　创建两端曲线

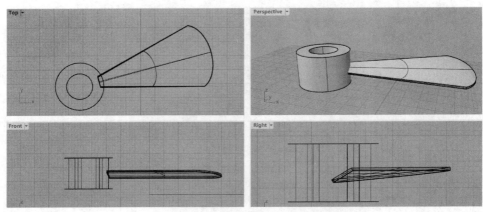

图 4-44　生成面后曲面偏移成体

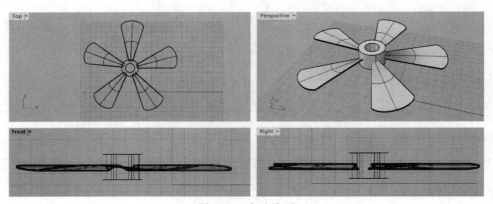

图 4-45　扇叶阵列

　　顶视图导入背景图，绘制中间的圆（选用可塑形的），选 3 阶 16 个点，保证足够的连续性和圆度（图 4-46）。同时按下 Alt＋Shift 键缩放复制两个圆（图 4-47），打开外侧圆的控制点，调整成圆角矩形的形状（图 4-48）。用放样生成平面，向下移动平面内部的控制点（注意选取内部点时可以利用选取点工具里的子工具帮助快速选点）完成该局部曲面基本型的创建（图 4-49、图 4-50）。

图 4-46 绘制可塑圆

图 4-47 等比例缩放复制圆

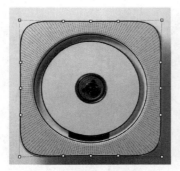

图 4-48 调节成圆角矩形

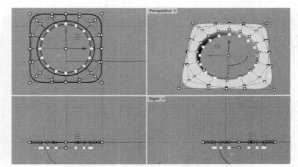

图 4-49 放样生成曲面

图 4-50 快速选取 U/V 方向的点

4.5.4 结构线创建曲线

通过复制已有物件的边框曲线、结构线创建曲线，是复杂曲面造型中常用的曲线创建方式。如下面的盒盖部分三维创建案例。

顶视图绘制中间的圆（选用可塑形的，阶数和点数分别设置为 5 和 32），前视图绘制瓶盖顶部的一条曲线（图 4-51）；鼠标右键点击【旋转成型】工具（圆为路径，曲线为轮廓曲线）创建偏心的半球面（图 4-52）；点击【从物件建立曲线】子工具列的【抽离结构线】便可复制出 32 条结构线（图 4-53）；将结构线重建成 6 点 5 阶，间隔选取其中的 16 条结构线的中间点（从下边往上数第三个点），选择【UVN 移动】工具沿着 N 向向内移动控制点来改变 16 条结构线内部的形状（图 4-54）。依次放样所有的结构线（勾选封闭放样）便可得到盒盖的造型（图 4-55），生成曲面最终效果如图 4-56 所示。

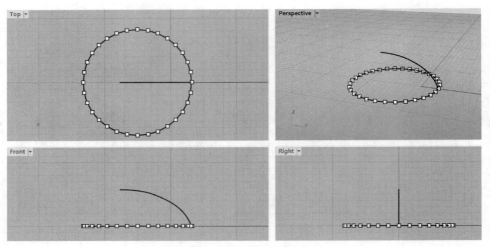

图 4-51　绘制可塑圆及曲线

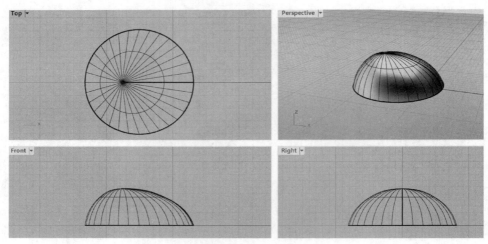

图 4-52　沿路径旋转成型曲面

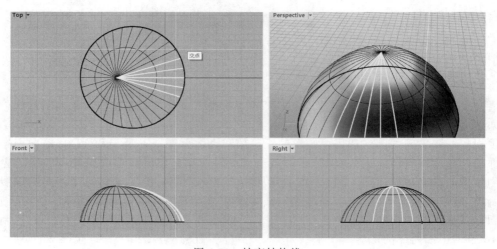

图 4-53　抽离结构线

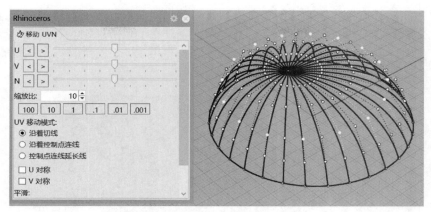

图 4-54　移动结构线上选中的控制点

图 4-55　放样抽离的结构线生成曲面

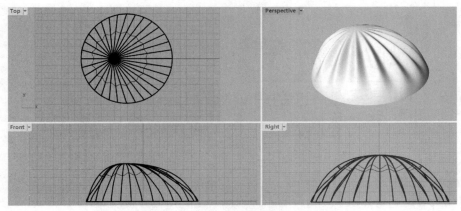

图 4-56　生成曲面最终效果

4.6　曲线形态的更改

　　曲线形态一般是无法一次性创建到位的，需要进行二次调整与编辑。曲线形态需要打开曲线控制点（快捷键 F10）后，通过移动控制点来调整。编辑曲线需要点击【曲线工具】，弹出曲线编辑子工具列，会看到里边有【圆角】、【全部圆角】、【倒角】、【修剪】、【延伸】、【混接曲线】、【衔接曲线】、【偏移曲线】、【调整封闭曲线的接缝】、【由两个视图建立曲线】、【重建曲线】、【曲线布尔运算】等工具，以下着重讲解调节控制点、修剪与延伸、混接与衔接几个工具，其余的工具可逐一查看其使用方法和用途并进行尝试。曲线编辑工具列见图 4-57。

图 4-57　曲线编辑工具列

4.6.1　调节控制点（插入节点、升阶加点）

调节控制点是改变曲线和曲面形状的常用方式。曲线调节控制点工具列见图 4-58。

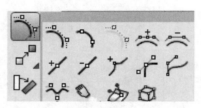

图 4-58　曲线调节控制点工具列

（1）控制点的显示与关闭

选取线或者面，鼠标左键单击为显示物件控制点，鼠标右键单击为关闭点，见图 4-59。

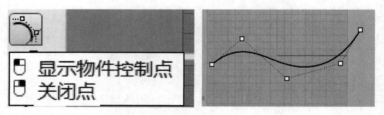

图 4-59　控制点的显示与关闭

（2）编辑点的显示与关闭

选取线或者面，鼠标左键单击为显示曲线编辑点，鼠标右键单击为关闭点，见图 4-60。

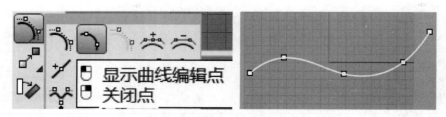

图 4-60　编辑点的显示与关闭

（3）插入和移除控制点

插入和移除控制点见图 4-61、图 4-62。

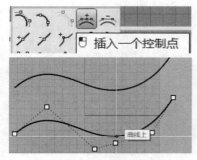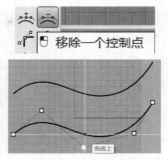

图 4-61　插入控制点　　　　　　　　图 4-62　移除控制点

插入和移除的控制点在曲线外边，完成操作后，曲线的形状会发生变化。

插入和移除的控制点在曲线上，完成操作后，曲线的形状不变。

插入和移除的控制点（节点）在曲面上可进行整排整列的操作，见图 4-63。

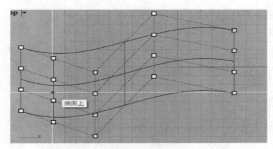

图 4-63　曲面插入与移除控制点

（4）调整曲线端点转折

用以曲线端点为曲率的方式调节曲线，用以曲面的边界为曲率的方式调节曲面，见图 4-64。

图 4-64　调整曲线端点转折工具标签

案例：用混接曲线（图 4-65）的方式连接两条曲线，连续方式选择正切。

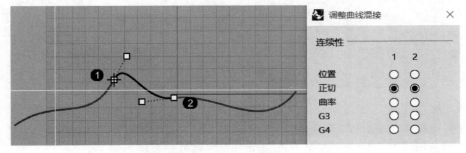

图 4-65　混接曲线

混接完成后选择【调整曲线端点转折】来调整混接的曲线两侧形状，端点的控制杆上的点由两个变成了三个，能够以保证左侧连续性为曲率的方式调节控制杆，见图 4-66。

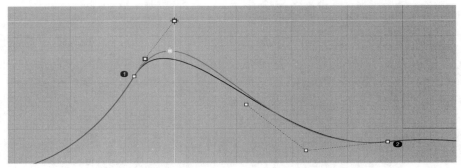

图 4-66　运用【调整曲线端点转折】来调整混接的曲线两侧形状

案例：用衔接曲面（图 4-67）的方式连接两个曲面，连续方式选择正切。

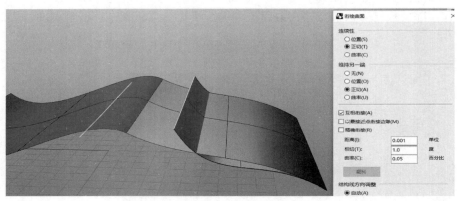

图 4-67　衔接曲面

衔接完成后选择【调整曲线端点转折】来调整衔接的曲面形状，端点的控制杆上的点为三个，能够在保证曲面两端连续性为曲率的情况下调节控制杆的点来调整曲面的形状。

操作方式：

① 点击【调整曲线端点转折】标签，选择一侧曲面的边缘（图 4-68）。

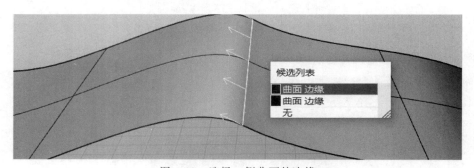

图 4-68　选择一侧曲面的边缘

② 在要操作的位置用鼠标左键点击选择曲线上的一点（图 4-69）。

③ 在黄色衔接线上用鼠标左键点击两个点确定调节的范围（图 4-70）。

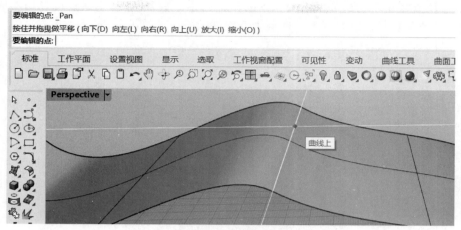

图 4-69　选择曲线上的一点

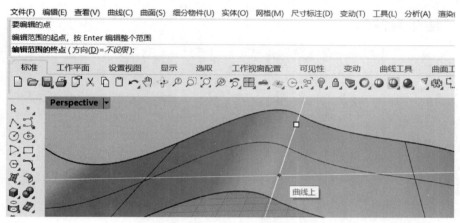

图 4-70　点击两个点确定调节的范围

④ 调节控制杆上的控制点以调节曲面的形状，同时保证曲面间的曲率连接（图 4-71）。

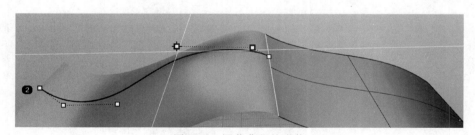

图 4-71　调节曲面的形状

（5）调整曲线 UVN

Rhino 模型的核心是面，要掌握面，必须得熟悉曲面结构（UVN 向的点和线），在曲面调节中 UVN 移动是经常采用的方式，见图 4-72。

当曲线控制点（单个或多个）需要向曲面的 U、V 或者法线方向移动变化时采用 UVN 移动工具标签。

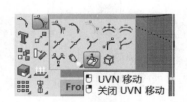

图 4-72　调整曲线 UVN 工具标签

选项中调节【缩放比】可以改变移动的步幅大小，【UV 移动模式】可以切换成不同的移动路径，【平滑】能够快速调节所选点附近物件的平滑度，见图 4-73。

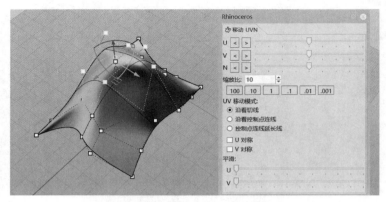

图 4-73　调整曲线 UVN 弹窗

4.6.2　延伸与截短

【延伸曲线】其作用是将曲线沿着其中的一个端点处进行延长，其标签见图 4-74。

图 4-74　延伸曲线工具标签及其子工具标签

延伸操作时可采用直接拖动延伸曲线的一端到合适的位置、输入延伸的长度、选定延伸的边界、连接这四种方式进行延伸操作，见图 4-75～图 4-78。

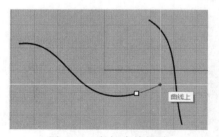

图 4-75　鼠标直接拖动

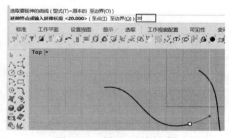

图 4-76　输入延伸长度

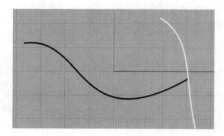

图 4-77　选定延伸的边界

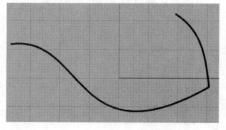

图 4-78　以连接的方式进行延伸

　　曲线延伸形状的模式选取上则包括了平滑 （即以曲线端点处的曲率趋势进行延伸）、以直线方式延伸 （即以曲线端点处的切线方向进行延伸）、以圆弧延伸 （即以和曲线端点处相切的可指定半径的圆弧方式进行延伸）、保留半径以圆弧延伸 （即以曲线端点处的曲率半径为半径进行圆弧延伸），以及指定中心点以圆弧延伸 （即以指定一个中心点的方式确定延伸的圆弧半径）共五种模式，见图4-79～图4-83。

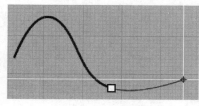

图 4-79　平滑

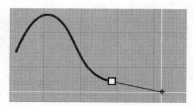

图 4-80　以直线方式延伸

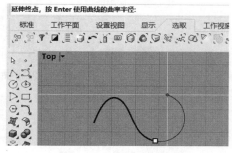

图 4-81　以圆弧延伸

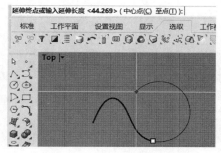

图 4-82　保留半径以圆弧延伸

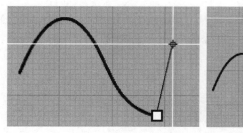

图 4-83　指定中心点以圆弧延伸

　　【截短曲线】 其作用是将曲线截短成一段，操作方式相对简单，直接在曲线上选择两点便可选出要保留的曲线部分，见图4-84、图4-85。

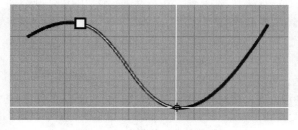

图 4-84　在曲线上选取两点

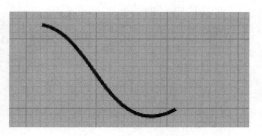

图 4-85　截短后的曲线

4.6.3　衔接与混接

【衔接】与【混接】是曲线编辑中经常用到的工具标签。【衔接】是将两条曲线以可设置连续性的方式直接连接起来（图 4-86）。【混接】是通过中间第三条曲线将两条有间距的曲线以可设置连续性的方式连接起来（图 4-87）。

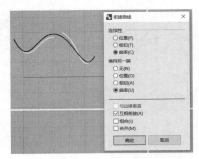

图 4-86　衔接曲线

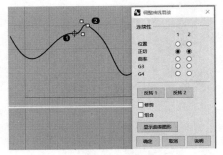

图 4-87　混接曲线

曲线除了连续性可调节外，也可通过调节混接时的控制点指定混接曲线段在两条要混接的曲线上的位置，也可调节混接曲线段的形状。除了直接混接两条曲线的方式外，也可在曲线和曲面的边缘以及两个曲面的边缘间创建混接曲线，这是曲面建模中常用的创建曲线的方式。

习题

一、选择题

1. Nurbs 曲线包含_____属性。

A. Non-Uniform　　　　B. Rational　　　　　C. B-样条　　　　　　D. 以上都是

2. 曲线的 CV 点（控制点）数目由曲线的_____决定，CV 点的数目与阶数的关系为_____。

A. 阶数，阶数$=N-1$　　　　　　　　B. 阶数，阶数$=N-2$

C. 点数，阶数$=N-1$　　　　　　　　D. 点数，阶数$=N-2$

3. 曲线的属性可以通过修改_____来改变。

A. 重建曲面　　　　B. 重建曲线　　　　C. 调节控制点　　　D. 修剪

4. 可塑形的圆是可以设定_____与_____的曲线。可塑形的圆的 CV 点分布均匀。

A. 阶数，CV 点　　　　　　　　　　B. 点数，CV 点

C. 阶数，点数　　　　　　　　　　D. 段数，点数

5.【控制点曲线】可以通过定位一系列 CV 点来绘制曲线，在指令提示栏中可以设定曲线的阶数，Rhino 支持 1～11 阶的曲线，默认曲线的阶数为_____阶。

A. 3　　　　　　　　B. 4　　　　　　　　C. 5　　　　　　　　D. 6

二、判断题

1. 插入节点时曲线的均匀性会发生改变。（　　　）

2. 混接曲线时在曲线上放置点对象，可以更好地调整曲线的形态。（　　　）

3. 按住 Shift 键可以对 CV 点做对称调整。（　　　）

4. 最简线的原理是控制点数等于 $N-1$，N 为曲线的阶数。（　　　）

三、综合训练

1. 按照图 4-88 工程图中的尺寸精确绘制零件的三维模型。

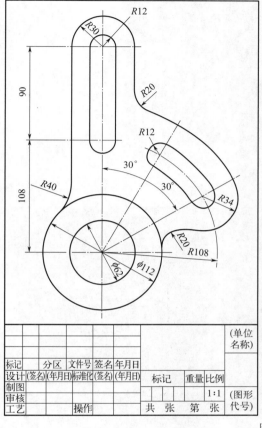

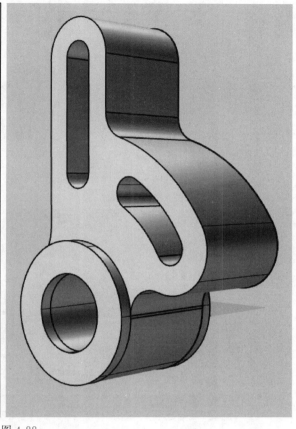

图 4-88

2. 根据轮廓线稿图构建水壶的三维模型，线稿图如图 4-89。

图 4-89

3. 构建灯泡的三维模型，三维效果图和线框图如图 4-90、图 4-91。

图 4-90　效果图

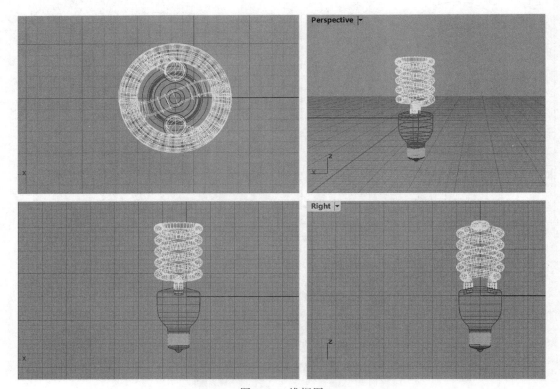

图 4-91　线框图

第5章

曲面的构建

 知识目标

① 了解曲面的构成要素、曲面的类型。

② 掌握曲面的连续性。

③ 掌握常用曲面的创建方法。

④ 掌握常用曲面的编辑方法。

⑤ 掌握曲面拼接时常见结构的构建方法。

⑥ 掌握最简面的原理及构建方法。

 能力目标

① 能够进行曲面连续性的更改。

② 能够进行中等复杂程度产品曲面造型的创建与编辑。

③ 能够进行渐消面、五边面等常见曲面结构的构建。

④ 能够进行最简面的创建。

曲面的构建是 Rhino 软件的核心内容，其在自由曲面形态三维造型方面的优势远超其他实体建模软件（如 Creo、UG 等）。本章将从曲面的基本概念、曲面的创建工具、曲面的编辑工具、曲面的拼接技巧四个方面进行阐述。

5.1 曲面的基本概念

Rhino 软件操作中单个曲面的创建并不难学，真正困难的是，面对不同的曲面形态与建模案例，都能做到思路清晰、灵活变通地构建高质量的三维曲面形态。关键点是从曲面的基本理论开始，打通曲面建模中的核心逻辑和方法，再通过大量的案例训练进行融会贯通。因此，在学习曲面创建之前，先来了解曲面的相关概念。

5.1.1　曲面的构成要素

（1）曲面的 UVN 方向

Nurbs 曲面使用 UVN 三个方向来定义曲面，可以将其想象成面片状的布料，U 向和 V 向类似于形成布料的经向和纬向，是曲面结构线的切线方向；N 向指向曲面的正面，是曲面上某一点的法线方向。

可以单击【方向分析】按钮查看曲面的 UVN 方向，如图 5-1 所示，红色箭头代表 U 向，绿色箭头代表 V 向，蓝色箭头代表法线方向。

图 5-1　曲面 UVN 方向查看

也可通过【方向分析】工具对调 U、V 方向，反转 U、V、N 向的箭头。

（2）曲面的结构线、边缘线

Rhino 软件利用曲面结构线和曲面边缘线来可视化 Nurbs 曲面的形状。Nurbs 曲面结构线也称为曲面的 ISO 参数线，是曲面上纵横交错的 U、V 方向的线。图 5-2 中曲面表面的细线就是假想出来的曲面结构线，实际并不存在。通过结构线能够判定曲面的质量，结构线分布均匀、简洁的曲面比结构线密集、分布不均的曲面质量要好。

曲面边缘线是指曲面外边界的 U 向或 V 向曲线，如图 5-2 中曲面外边界的粗线。在构建曲面时，可以选取曲面的边缘线来建立曲面间的连续性。

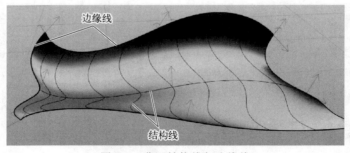

图 5-2　曲面结构线与边缘线

5.1.2　曲面的类型

（1）标准四边面

Rhino 曲面标准结构是具有 4 个边的类似矩形的结构，曲面上的点与线具有两个走向

（UV 方向清晰），这两个方向呈网状交错，如图 5-3(a) 所示。

（2）1 点收敛型（3 边曲面）

　　3 边曲面也遵循 4 边曲面的构造，具有两个走向，只是其中一个走向的线在一端汇聚为一点（称为奇点），也就是一个边的长度为 0。虽然 3 边曲面也可以看作 4 边曲面的一种，但是在构建曲面的时候，应尽量避免 3 边曲面，也就是尽量不要构建有奇点的曲面（不包括由旋转命令形成的带有奇点的曲面），如图 5-3(b)。

（3）2 点收敛型（2 边曲面）

　　曲面的边缘只有 UV 中一个方向的两条边，并且两条边在两端分别汇聚到一点，相当于 UV 中另外一个方向的两条边长度都为 0，如图 5-3(c)。

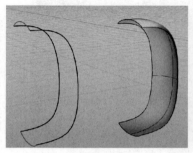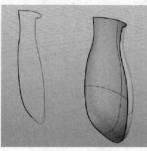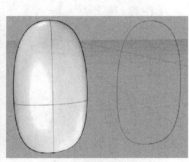

(a) 标准四边面　　　　　　　　　(b) 1 点收敛型　　　　　　　　　(c) 2 点收敛型

图 5-3　曲面的类型（一）

（4）周期曲面

　　对于有一个方向闭合的曲面，看似不属于 4 边曲面结构，但在使用【显示边缘】工具查看其边缘时，可以看到在曲面侧面有接缝，如图 5-4(a) 所示。这就是曲面的另外两边，只是两个边缘重合在一起了。

　　周期曲面里的球形类曲面，如图 5-4(b) 所示，在显示其边缘后，可以看到不但有两个边缘重合，另外两个边缘也分别汇聚成为奇点。

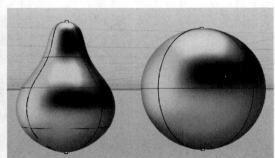

(a) 周期曲面　　　　　　　　　　　(b) 球形类曲面

图 5-4　曲面的类型（二）

5.1.3　曲面的连续性

　　产品造型中会将形态复杂的面利用分面建模的方法分多次来完成，单个面之间会形成连接关系，不同的连接方式会形成曲面之间的不同连续性。曲面连续性的定义和曲线间的连续性定义相似，是用来描述曲面间的光顺程度。在 Rhino 中使用较多的是位置连续性（G0）、相切连续性（G1）和曲率连续性（G2）这 3 种连续性。曲面的连续性可以通过【斑马纹分析】工具来检测。

　　如图 5-5 所示，当两个曲面 G0 连续时，边界处重合，斑马纹是不连续的，即相交处斑马纹错位排列，在视觉效果上有很明显的折痕，面之间的结构关系较为明晰，可以塑造产品外观硬朗的视觉效果。当两个曲面 G1 连续时，曲面边界处相切式重合，斑马纹在边界处连接，但是在两个面上的走向不在一条线上，形成夹角，曲面之间的连接能够均匀过渡，光影变化上会出现明显的楞。当两个曲面 G2 连续时，曲面相交且曲率连续，斑马纹连接顺畅、过渡平滑，曲面看起来更光顺，光影效果过渡自然。

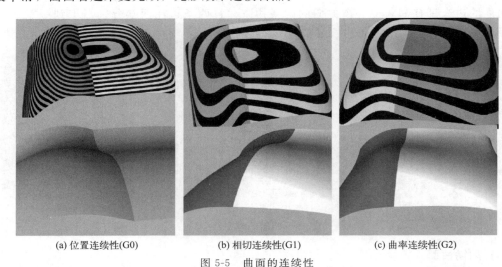

| (a) 位置连续性(G0) | (b) 相切连续性(G1) | (c) 曲率连续性(G2) |

图 5-5　曲面的连续性

5.2　曲面的创建工具

　　Rhino 提供的曲面创建工具（图 5-6）能够满足各种曲面建模的需求，对于同一个曲面造型，通常运用多种方法都可以完成。选择哪种工具来创建曲面，可以根据设计师的建模习惯和思路来决定。但是，不同的工具得到的曲面在质量和创建的便捷性上往往会有些不同，因此，在学习中，可以通过不同的方式去尝试构建同一曲面造型，对于一些大面，优先选择能构建最简曲面的方式来完成创建。下面对常用的创建曲面方式进行阐述。

图 5-6　曲面创建工具

5.2.1　单轨、双轨扫掠

　　【单轨扫掠】、【双轨扫掠】工具图标见图 5-7。

图 5-7　【单轨扫掠】、【双轨扫掠】工具图标

（1）单轨扫掠

该命令的使用方法很简单，但不能与其他曲面建立连续性。图 5-8 所示为单轨扫掠生成曲面的效果。使用单轨扫掠的曲线需要满足以下条件：

- 一条路径曲线（可以是单根或者连续的多根曲线）；
- 一条或者多条断面曲线（断面曲线数量没有限制），断面曲线和路径曲线不能平行且断面曲线之间不能交错。

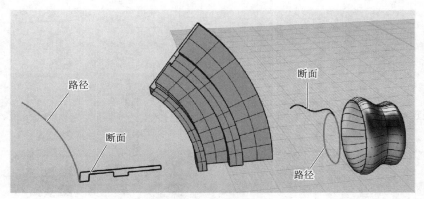

图 5-8 单轨扫掠

（2）双轨扫掠

该命令是应用较为频繁的曲面创建命令之一，如图 5-9 所示，当选取曲面边缘时，可以选择曲面连接处的连续性。

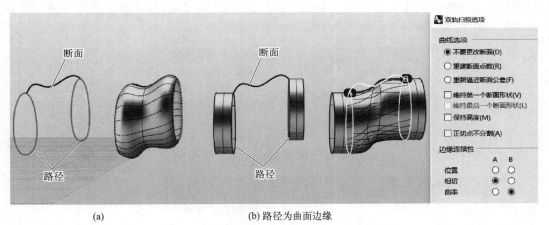

(a)　　　　　　　　　　(b) 路径为曲面边缘

图 5-9 双轨扫掠

双轨扫掠中的路径线在选择时，两个路径线的点选位置要对应，否则形成的曲面会交错。

5.2.2 以二、三或四个边缘曲线建立曲面

可以通过两个、三个或者四个边缘曲线创建曲面（图 5-10），边缘线可以是空间曲线。

图 5-10 【以二、三或四个边缘曲线建立曲面】工具图标

创建曲面案例如下。

如图 5-11 所示，两个边缘创建的 4 边、3 边、2 边曲面没有原始边缘线的方向为 2 点 1 阶，这种曲面光影不够顺滑，而且没法进行形态的调整，需要通过其他方式更改曲面该方向的阶数后才能使用，阶数的变化也会导致原始的两个曲面边缘发生变化，因此不建议采用此种方法进行面的创建，可以用后面讲到的双轨扫掠或者放样进行曲面的创建。

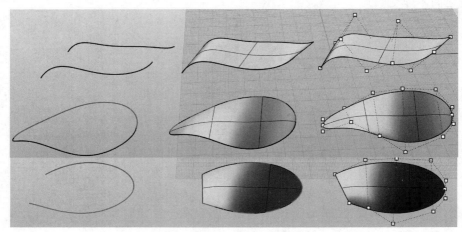

图 5-11　两个边缘创建曲面

用三个或四个边缘创建曲面（图 5-12），曲面的质量可以由原始边缘线的阶数和点数来控制，可以创建出较高质量的曲面。边缘曲线可相交也可断开。由三个边缘创建曲面时要注意边缘线的点选顺序，不同的顺序会生成不同形态的曲面，可按照双轨扫掠的思路来理解，先点选的线相当于截面曲线，后点选的两条线相当于轨迹线。

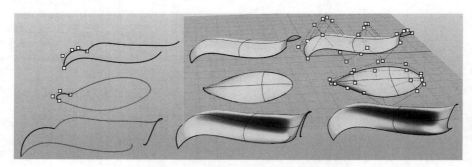

图 5-12　三个或四个边缘创建曲面

5.2.3　旋转成型

旋转成型创建曲面工具图标为，用鼠标左键或者右键点击该图标会进入旋转成型或路径旋转成型两种创建曲面的方式中。其中路径旋转成型创建的曲面形态与单轨扫掠类似，但是，形成的曲面结构线更加简洁，两者对比如图 5-13 所示。

5.2.4　放样

【放样】工具也是创建曲面常用的工具之一，可以通过空间上同一走向（U 向或者 V 向）的一系列曲线来快速建立曲面。放样可以创建平面、具有收敛点的曲面、四边面、周期

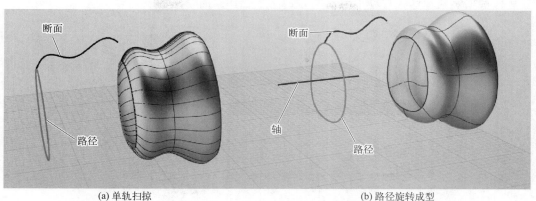

（a）单轨扫掠　　　　　　　　　　　　　　　（b）路径旋转成型

图 5-13　单轨扫掠与路径旋转成型曲面结构对比

曲面、球形面，见图 5-14。

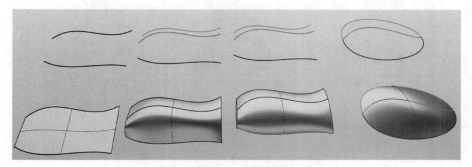

图 5-14　放样生成的不同类型曲面

封闭曲线放样时，曲线的接缝可以移动，命令行里曲线接缝选项的含义：

移动曲线接缝点，按 Enter 完成（反转(F) 自动(A) 原本的(N) 锁定到节点(S)=是）:

- 反转：反转曲线接缝的方向；
- 自动：自动调整曲线的接缝及方向；
- 原本的：按照曲线原本的接缝位置及方向执行命令。

不封闭的曲线放样时需要依次选择各曲线的同一侧，否则形状会扭曲。

封闭与不封闭曲线放样生成的曲面见图 5-15。

图 5-15　封闭与不封闭曲线放样生成的曲面

放样选项对话框样式选项下各造型方式（图 5-16）的含义如下：

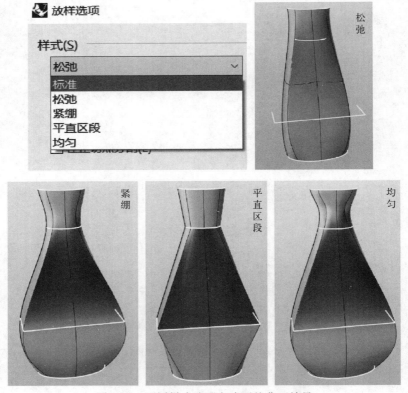

图 5-16　不同样式造型方式下的曲面效果

- 标准：断面曲线之间的曲面以"标准"量延展，适合在建立比较平缓的曲面或断面曲线之间距离较大时使用。
- 松弛：放样曲面的控制点会放置于断面曲线的控制点上，曲面脱离了部分曲线，可建立比较平滑的放样曲面。
- 紧绷：放样曲面更为贴合地通过断面曲线。
- 平直区段：放样曲面在断面曲线之间以直线段的方式进行放样。
- 均匀：曲面的控制点对曲面有相同的影响力。

放样选项对话框样式选项下复选框（图 5-17）的含义如下：

- 封闭放样：建立封闭的曲面，曲面在通过最后一条断面曲线后会回到第一条断面曲线，必须有 3 条或以上的断面曲线这个选项才可以使用，见图 5-17。

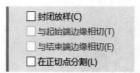

图 5-17　样式选项的复选框

- 在正切点分割：输入的曲线为多重曲线时，设定是否在线段与线段正切的顶点将建立的曲面分割成多重曲面。
- 与起始/结束端边缘相切：在第一条和最后一条放样曲线是曲面边缘的情况下，该选项启用后，可以使创建的曲面与该边缘所属的曲面相切。这个选项是一个较为常用的选项，见图 5-18。

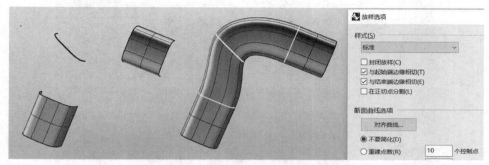

图 5-18 勾选与起始/结束端边缘相切

5.2.5 以网线建立曲面

【以网线建立曲面】工具所创建的曲面一般不是最简面，会用在一些小面积的补面中。U/V 方向的曲线以网状的形式绘制，即所有同一方向的曲线不能相交，但必须和另一方向的所有曲线相交，见图 5-19。

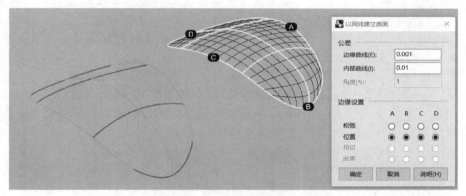

图 5-19 以网线建立曲面

通过设定边缘、内部曲线的公差调整曲面与曲线之间的偏差。当边界曲线为曲面边缘时，也可以通过选择创建的曲面与边缘所在曲面的连接关系来设置曲面间的连续性。

5.2.6 嵌面

【嵌面】工具的曲线不用遵循 U/V 走向，曲面成型的原理是完全逼近给定的所有曲线、网格、点物件或点云的曲面。给定的创建曲面条件比较自由，可以一次性框选所有成面的元素，成面的速度比较快，但是，相比上面的工具，【嵌面】工具创建的曲面精确度不高，而且也不是最简面，见图 5-20。

① 嵌面曲面选项（图 5-21）中一般项目下几个参数的含义：

曲面的 U/V 方向跨距数：控制生成的曲面 U/V 方向的曲面精度。

硬度（F）：控制曲面的硬度，值越大，面越平坦。

调整切线：勾选后，当选择的曲线为曲面边缘时，创建的曲面会和相连接的曲面边缘相切。

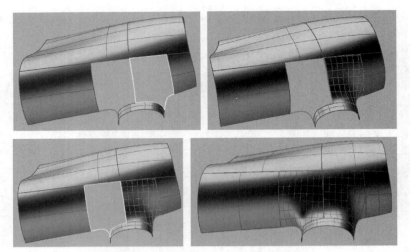

图 5-20　【嵌面】工具快速创建曲面

图 5-21　嵌面曲面选项

自动修剪：勾选后，创建的曲面会沿着边界曲线进行修剪，否则，会显示完整的网格曲面。

【嵌面】生成的曲面质量不高，如果可以应首先选择其他方法。要想在使用该方法时保证曲面足够精确，采样点要多，这会导致控制点太多。

在控制点不多的情况下，【嵌面】创建的曲面无法保证通过每条曲线，因此和【嵌面】创建的曲面相连的面尽量保证不修剪或用结构线修剪，才能进行衔接处理。

② 嵌面曲面选项中起始曲面项目下几个参数的含义：

选取起始曲面：将已有的曲面逼近网线等物件，形成新的曲面，见图 5-22。

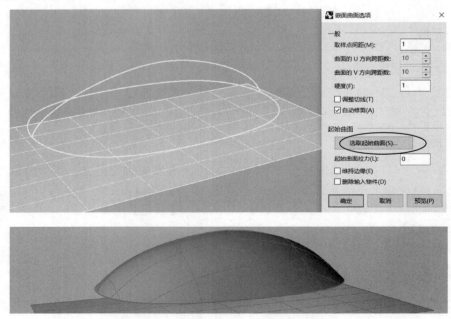

图 5-22　选取起始曲面创建与曲线贴合的曲面

起始曲面拉力：与硬度设定类似，但是作用于起始曲面，设定值越大，起始曲面的抗拒力越大，得到的曲面形状越接近起始曲面。

维持边缘：固定起始曲面的边缘，这个选项适用于以现有的曲面逼近选取的点或曲线，但不会移动起始曲面的边缘。

以上 6 种创建曲面的方式是产品设计中常用的方式，其余的创建曲面方式用得相对少一些，这里就不一一讲解，但这些工具在用到的时候还是非常实用的，如：【往曲线法线方向挤出曲面】，经常用于做分型面的相交曲面，以便做曲面间的圆角。因此，需要对其他建面工具逐一操作，以了解其使用方法和用途。

5.3　曲面的编辑工具

产品设计中的大部分曲面都不是一次性创建成功的，曲面的编辑工具是 Rhino 软件强大而重要的工具，依靠创建和编辑工具，才能在逐渐完善、不断细化与修改中完成一个完整而复杂的产品三维数字模型。

Rhino 软件拥有丰富的曲面编辑工具，集中在【曲面工具】列中的就有四十种（图 5-23），这也是该软件在曲面建模上具有优势的主要原因。下面，讲解这些常用的工具。

图 5-23　【曲面工具】列包含的子工具

5.3.1　基本曲面编辑工具

（1）圆角

曲面圆角编辑工具可以在曲面工具列里通过 （圆角）、（不等距曲面圆角/混接）工具实现，也可以通过实体工具列里的 （边缘圆角）工具实现。

① 圆角与混接圆角的区别。

（圆角）工具创建的圆角与原始面相连接的边缘形成的是 G1 连续（即相切连续）。当圆角曲面较小时，对产品整体造型的顺滑度影响不大；当圆角曲面较大时，面的光影顺滑度明显不足。如图 5-24 所示。

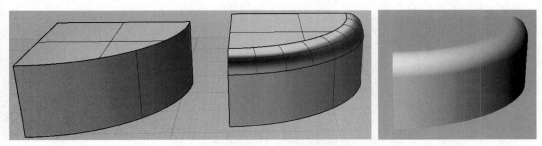

图 5-24　G1 连续的圆角曲面

右键 （不等距曲面混接）工具创建的圆角曲面与原始面相连接的边缘形成的是 G2

连续（即曲率连续），面的光影顺滑度较高，见图 5-25。

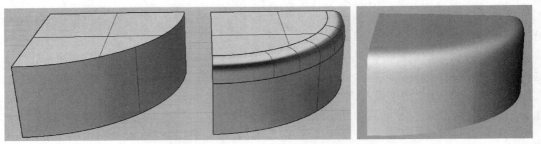

图 5-25　G2 连续的曲面混接圆角曲面

②　复杂圆角的创建。

多个曲面相交时，创建的圆角经常会出现破面的情况，需要结合分割、双轨等工具进行细化与补面，逐步完成圆角的操作。如图 5-26(a) 黄色交线处圆角的制作过程。

a. 执行 ⬚（圆角）或者 ⬚（不等距曲面圆角/混接）工具，这里选用右键单击 ⬚

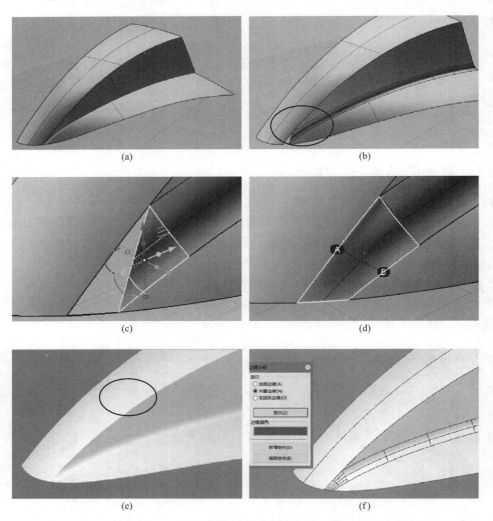

图 5-26　圆角补面

（不等距曲面混接）工具，以提高曲面连接时的连续性。设置圆角半径，修剪并组合设为是。产生的破面如图 5-26（b）。

b. 使用 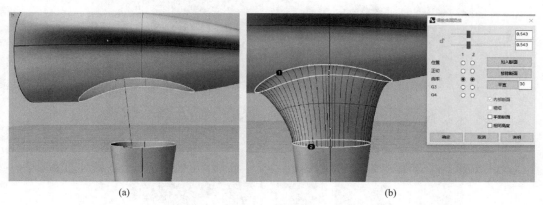（混接曲线）工具创建断开的边界部分，右键点击分割工具 ，以结构线分割圆角破损的曲面部分。分割时选择缩回 （方向（D）=V　切换（T）　缩回（S）=是），点击图 5-26（c）中的交点位置，删除分割掉的三角面。

c. 执行 （分割边缘）工具，将较长的边从圆角结构线的交点位置分割成两段，执行双轨工具完成补面，如图 5-26（d）。

d. 执行 （组合）工具将所有面组合成一体，设置成渲染模式，查看曲面的光影是否顺滑，如图 5-26（e），执行 （显示边缘）工具查看是否有多余的外露边缘，如图 5-26（f），都正常后表明圆角及圆角补面成功。

（2）混接与衔接曲面

这两个工具是产品外观设计中使用频率非常高的工具。 （混接曲面）是通过在两个曲面边缘之间产生第三个面的方式将两个曲面连接在一起， （衔接曲面）是通过单向调整曲面边缘或同时调整曲面边缘的方式将曲面连接在一起。其具体用法如下：

① 混接曲面。

基本操作方法：

执行混接曲面命令，分别选择要混接的曲面边缘，如果曲面边缘为多段线，选择"连锁边缘"，如图 5-27（a）。

需要时，调整边缘曲线的起始点位置、两个滑块的位置或者数据，加入断面曲线，选择曲面间连续性等来调整混接曲面的形状，如图 5-27（b）。

（a）　　　　　　　　　　　　　　　　　　（b）

图 5-27　混接曲面

调整曲面混接窗口各参数的含义：

- 滑杆：可以改变混接曲面转折大小。
- 平直：强迫混接曲面的所有断面为平面，并与指定的方向平行。
- 相同高度：做混接的两个曲面边缘之间的距离有变化时，这个选项可以让混接曲面的高度维持不变。

📝 **注意：**

a. 确保有足够的空间可以让混接曲面剪切以及组合相邻的曲面，混接能否成功取决于曲面之间的角度关系、转角边缘处弯曲的尖锐程度以及混接类型。

　　b. 用来建立混接曲面的曲面边缘最好比另一个曲面上的洞大一些，方可平滑地混接两个曲面边缘，否则混接曲面会向内凹陷。

　　复杂圆角中的应用：

　　混接曲面工具结合圆管、延伸曲面、修剪等工具经常会用在曲面圆角上，如图 5-28(a)所示，要对黄色的交线进行圆角处理，如果直接用实体工具列里的 ▇（边缘圆角）工具会出现破面。

　　首先用圆管工具沿着黄色的交线创建一个半径值和圆角半径相同的圆管，路径选择"连锁""不加盖"，如图 5-28(b) 所示。

　　执行 ▇【延伸曲面】工具将圆管的两端延伸一段长度，让其明显超过两端的曲面，如图 5-28(c)。

　　将查看模式调为线框，执行修剪工具，将圆管内的曲面部分修剪掉，如图 5-28(d)。

　　删除圆管，执行混接曲面工具，创建圆角边，调整混接曲面窗口中的各参数，如图 5-28(e)。

　　结合所有曲面，查看模式设为"渲染"，查看圆角的光影顺滑程度，如图 5-28(f)。

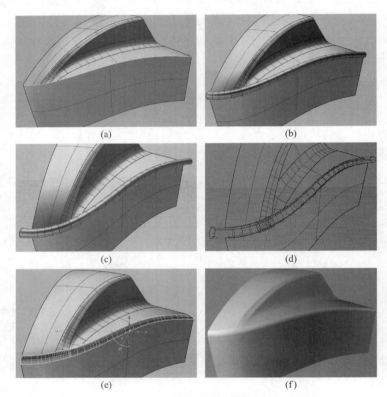

(a)　　(b)

(c)　　(d)

(e)　　(f)

图 5-28　混接圆角曲面

　　② 衔接曲面。要衔接的曲面边缘必须至少有一个是未修剪的曲面边缘，或者是采用结构线分割并缩回的方式修剪过的曲面边缘，否则无法执行此工具。

　　基本操作——两个曲面边缘的衔接：

　　执行 ▇（衔接曲面）工具，选择要衔接的曲面边缘的同侧后，会给出一系列的选项。除了之前已熟知的连续性外，下面介绍其他的选项：

- 互相衔接：勾选时，两个曲面的边缘同时调整，否则只会调整首次选中的曲面边缘。
- 维持另一端：保持曲面另一端的边缘的连续性。

　　• 以最接近点衔接边缘：勾选时，变更的曲面边缘的每一个控制点拉至目标曲面边缘上的最接近点。

　　• 精确衔接：勾选时，会在变更的曲面上加入更多的结构线（节点），使两个曲面衔接边缘的误差小于设定的公差。

　　• 维持结构线方向：保持现有结构线的方向不变。

　　基本操作——多个曲面边缘的衔接：

　　多个曲面边缘同时衔接同一曲面的多个边缘时，右键单击执行【最多可衔接四个曲面边缘】工具，可以依次选择要衔接的曲面边缘进行同时衔接，以提高衔接的有效性，如图 5-29 所示。

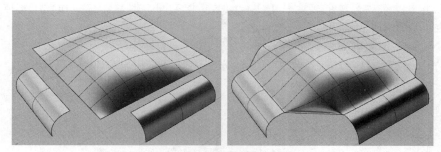

图 5-29　多个曲面边缘衔接

注意：

　　a. 如果只需要衔接目标边缘的一部分，可先分割目标边缘。

　　b. 衔接曲面工具适用于原本已经非常接近的两个曲面边缘，衔接的曲面只需要做小幅度的调整就可以完成精确的衔接。因此经常用在双轨、混接等其他工具执行完后，曲面间有缝隙的情况。如图 5-30 所示衔接曲面的应用：

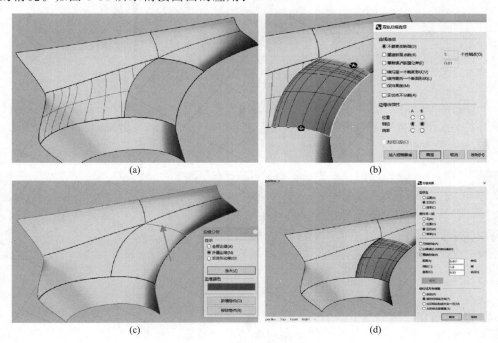

图 5-30　衔接曲面的应用

图（a）：需要补的四边面。

图（b）：双轨补面。

图（c）：结合曲面，查看曲面内是否有外露边缘。箭头所指的紫色交线为外露边缘处，也就是此处曲面边缘的连接处存在缝隙。

图（d）：执行衔接曲面工具，将此处的曲面边缘连接在一起，并至少为 G1 连续。再次结合所有曲面，查看曲面是否有外露边缘，如果有再次衔接外露处，直到没有外露边缘为止。

5.3.2　曲面的布尔运算

实体工具里的布尔运算更多地是用在封闭的实体之间，但是，曲面和封闭实体间、曲面和曲面间也可以使用此工具。

（1）曲面和实体间的布尔运算

（布尔运算分割）工具用曲面将实体分割成两块，在制作分型面以及按键等结构时非常实用。椭球体与上下开口的圆柱曲面见图 5-31。

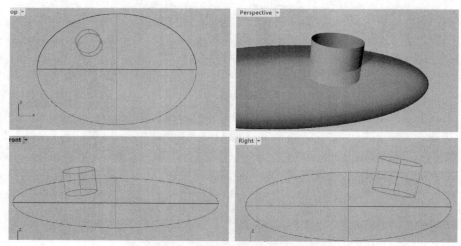

图 5-31　椭球体与上下开口的圆柱曲面

执行（布尔运算分割）工具，用圆柱曲面将椭球面分割成如图 5-32(a) 所示的两个部分，图 5-32(b) 为移除中间部分的样子，然后就可以分别对两部分做圆角，结果如图 5-32(c) 所示。

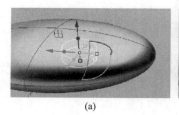 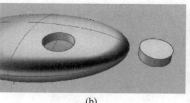 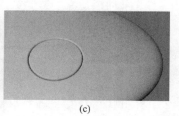

(a)　　　　　　　　　　(b)　　　　　　　　　　(c)

图 5-32　曲面布尔运算分割实体

（2）　（布尔运算联集）工具

曲面和实体：执行结果与曲面的正反向有关，并联后会将并联实体和曲面结合成一个多重曲面，切掉处于曲面背面方向的实体部分，见图 5-33。

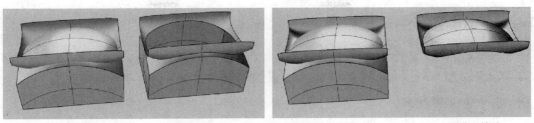

联集运算前　　　　联集运算后　　　　　联集运算前　　　　联集运算后

图 5-33　布尔运算联集曲面与实体

曲面和曲面：并联后会切掉两个曲面相同方向（同为正面或者同为背面）的部分，留下其余的部分组成一个多重曲面，见图 5-34。

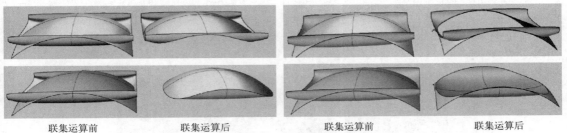

联集运算前　　　　联集运算后　　　　　联集运算前　　　　联集运算后

图 5-34　布尔运算联集曲面与曲面

（3）　（布尔运算差集）工具

曲面和实体：

跟用于切割的曲面正反面有关，切掉用于切割的曲面背面的实体曲面部分。如图 5-35，差集运算前，选中的黄色面为要切割的曲面，删除输入物体选"是"。

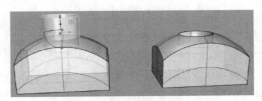

图 5-35　布尔运算差集曲面与实体

曲面和曲面：

跟用于切割的曲面正反面有关，切掉用于切割的曲面背面的部分，留下要切割曲面的正面部分组成新的多重曲面。如图 5-36，差集运算前，选中的黄色面一个为要切割的曲面，另一个为用于切割的曲面，删除输入物体选"是"。

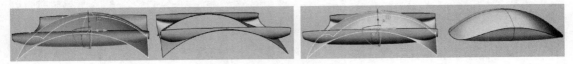

图 5-36　布尔运算差集曲面与曲面

以上是实体布尔运算工具在曲面编辑中常用的操作，其余的操作，如交集对于曲面部分应用较少，就不在此展开阐述，感兴趣的读者可以实际操作查看运行结果。

5.4　曲面的拼接

本节重点讲解产品设计中曲面拼接时常用的几种代表性结构的构建方法，包括：渐消面的构建，三边面、五边面的构建，以及三管混接面的构建。

5.4.1　渐消面构建

渐消面是工业设计师进行产品外形设计时常用的一种方式，指的是在产品外观形态上逐渐消失的曲面。渐消面的转折起伏让产品形态的变化更加柔和协调，可以塑造与产品外观形态视觉融合性高的速度感与雕塑感，营造丰富有趣、简约、有科技感的产品外形，进行孔洞、肌理这些细节的设计表现，实现一定功能。下面看一下常用的制作渐消面的方法。

① 直接调点法：在原本较为平顺的曲面上通过调节曲面点的方式使造型由明显凸起到凸起逐渐消失。

制作步骤：绘制基础曲面——按照需要增加控制点——调节控制点到合适的位置，如图 5-37。

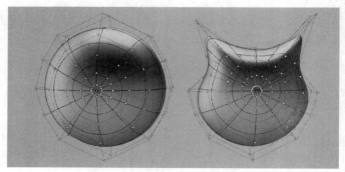

图 5-37　生成渐消面方式一

② 结构线分割法：按照曲面的 UV 线进行切割或形态的调整，这类渐消线特征及趋势，需要按照 ISO 趋势进行造型，因此，形态的规律性较强，受结构线变形范围的限制。

制作步骤：绘制基础曲面——按照需要沿着 UV 线的方向进行形态的分割——调整控制点形成渐消的 ISO 结构线——形成渐消面，如图 5-38。

图 5-38　生成渐消面方式二

③ 特征形态切割法：这种方法运用最多，因为其可塑性强，几乎任意形状的渐消都可以表达出来，如图 5-39 所示。

制作步骤（图 5-40）：

图（a）：绘制基础曲面。

图（b）：沿着渐消线形状绘制特征轮廓线，投影到曲面上，如图中黑色线条。以抽离

图 5-39 特征形态切割渐消面应用案例

结构线的方式绘制其余用于将要渐消的曲面部分分割出来的线，修剪线条得到合适的轮廓线。

图（c）：分割并修剪曲面，缩回选择"是"。

图（d）：调节渐消面控制点的位置，注意调节时渐消方向的边和另外一个非缺口边尽量保持不变，因此，在选控制点时应保证这几个方向至少有 3 排点不动。

图（e）：双轨扫掠，注意选择曲面边缘，双轨扫掠选项 A/B 选择相切或者曲率。

图（f）：调到渲染模式，查看渐消面效果。

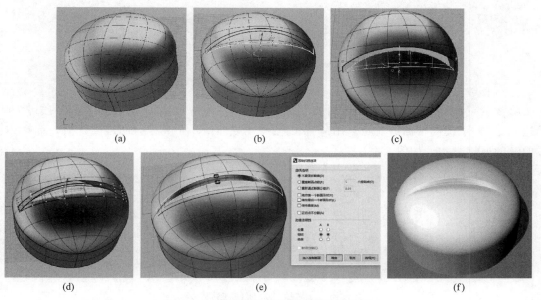

图 5-40 特征形态切割渐消面制作示例

5.4.2 三边面、五边面构建与优化

（1）三边面

在结构设计类软件里，如 Creo 等，结构线收敛于一点的三边面用曲率分析工具进行分析时，收敛点部位颜色会显示明显的变化，如图 5-41。在做加厚操作的时候经常会失败，因此，Rhino 软件建好的模型如果要直接在结构类软件里用，必须对具有收敛点的三边面进行处理。

三边收敛点曲面优化方法一：

将收敛部分切掉，如图 5-42。用黄色的线将右边带有收敛点的面切掉，再次进行曲率

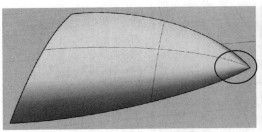

(a) 收敛的结构线

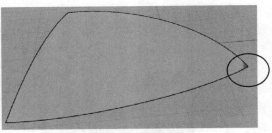

(b) 收敛点处曲率分析图

图 5-41

分析，虽然仍为三角形面，但是颜色已经全部正常。

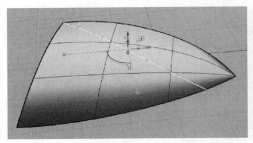

(a) 切掉收敛点

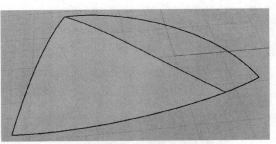

(b) 切掉收敛点后的曲率分析图

图 5-42

三边收敛点曲面优化方法二：

将收敛点部分曲面分割成四边面的形状，切割时尽量保证四边面对边平行并与另外方向的边呈 90°，以提高补面的质量。用 ▨（以网线建立曲面）工具进行四边面补面，选择相切或曲率的连续方式，如图 5-43。

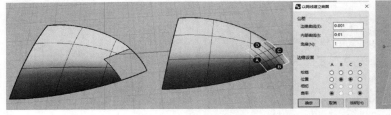

图 5-43　三边收敛点曲面优化方法二

（2）五边面

复杂造型曲面在分面的过程中，经常会遇到五边面的情况，怎样进行五边面的创建也是三维软件建模的一个难点，下面来讲解五边面创建常用的方法和步骤。

- 分析五边的趋势，混接两个对角位置的边，按面的趋势调节控制点，如图 5-44。
- 双轨扫掠创建曲面 1，如图 5-45(a)。
- 混接曲线，修剪曲面 1，形成双轨扫掠的四边条件，如图 5-45(b)。
- 双轨扫掠创建曲面 2，如图 5-45(c)。
- 进行曲面的结合，检查曲面边缘连接情况，利用曲面衔接工具进行曲面边缘连接的优化，如图 5-46。

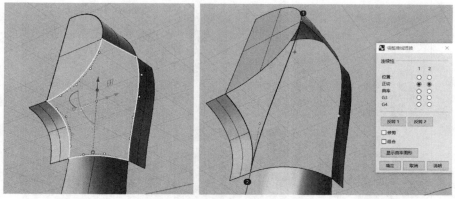

图 5-44 五边补面步骤一

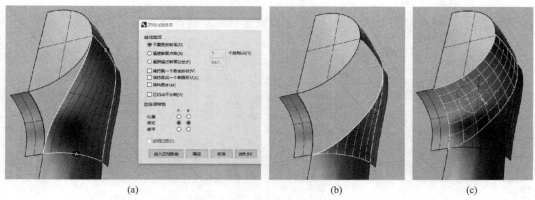

(a) (b) (c)

图 5-45 五边补面步骤二

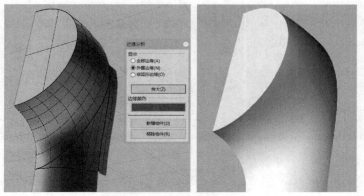

图 5-46 五边补面步骤三

5.4.3 三管混接

三管混接形态的创建在设计中应用相对较广，常见的有水管、水龙头、数据转换接头等，下面通过加湿器主体形态创建案例（如图 5-47）讲解三管混接形态创建的方法。

该加湿器属于三管混接结构，我们要构建黄色部分的主体，主体面的创建按照由整体到局部，由大面到小面，最后倒圆角的基本思路。该加湿器产品整体是一个对称的结构，采用

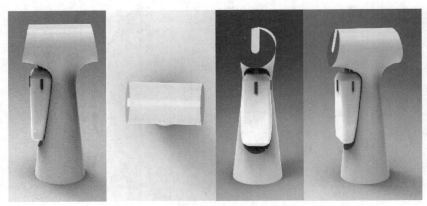

图 5-47　加湿器产品主体参考图片

创建一半曲面，最后镜像的方式完成，以下有三种方法来构建此模型。

　　三种方法均需导入并调整参考图片，使三个方向的视图符合投影规律，对应尺寸大小相同，如图 5-48 所示。

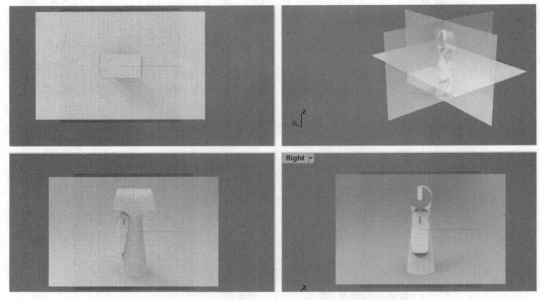

图 5-48　导入图片

（1）方法一：曲面手动混接

· 画出大致轮廓，如图 5-49（a）所示。

· 使用镜像命令并在轮廓末端使用工程圆选择两点连接，生成底座。上面的两个圆使用沿着法线挤出命令生成辅助面。如图 5-49（b）所示。

· 用抽离结构线命令在三个圆柱的两端和中点各提取一根结构线，一共九根。随后根据图片轮廓对这些结构线进行混接，进一步形成产品轮廓，如图 5-49（c）所示。

· 在上方进行混接曲线操作，然后进行双轨扫掠，生成一个最简面，如图 5-50。

· 以此最简面为基底，在它下面的边缘与底座上方使用边缘混接操作。在进行混接的时候，1 和 2 的选项要一致，选择正切和曲率都可以，如图 5-51。

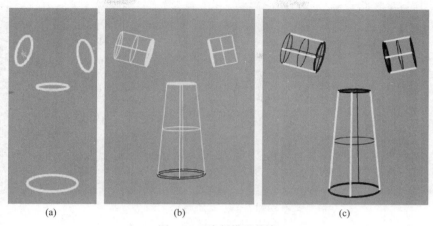

(a)　　　　　　　　(b)　　　　　　　　(c)

图 5-49　绘制模型轮廓

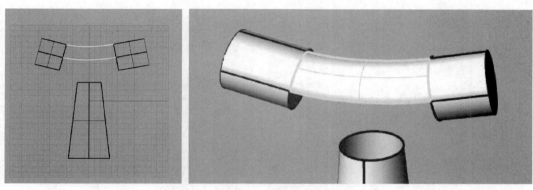

图 5-50　双轨扫掠

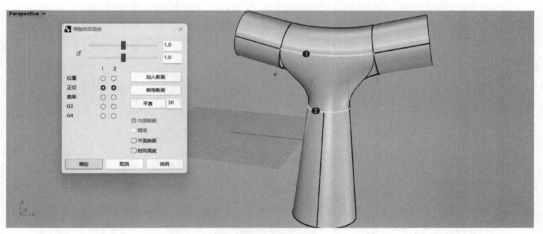

图 5-51　混接曲面

· 在混接完成后，使用混接曲线操作并使用分割命令将混接出来的曲面进行分割，如图 5-52。

· 修剪完成后，选择一边，顺着边缘，使用复制边缘命令复制出一条曲线来，并将复

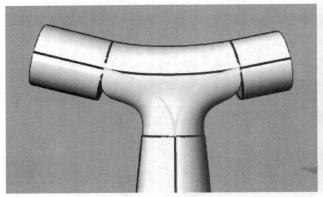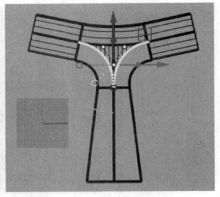

图 5-52　双轨扫掠

制出来的边缘都使用重建曲线命令，这里我们将曲线全部重建为 6 点 5 阶，这么做是为了稍后使用双轨扫掠生成最简面，另一边使用镜像命令，如图 5-53、图 5-54 所示。

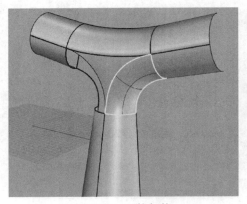

图 5-53　双轨扫掠　　　　　　　　　　　　　图 5-54　镜像

- 使用衔接曲面命令，使它们接在一起并达到曲率连续，如图 2-3-55。

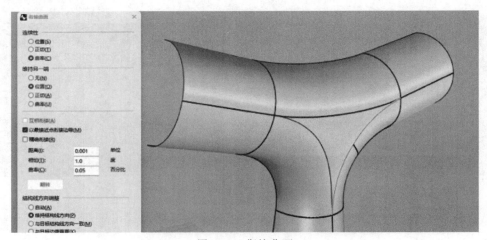

图 5-55　衔接曲面

• 完成后，删除多余的辅助面，镜像物体，使之成为完整的加湿器，此时我们看到斑马纹是好无损、曲面平滑过渡的，不存在褶皱和破面的情况，如图 5-56。

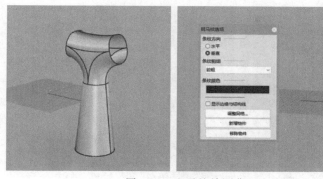

图 5-56　斑马纹检测曲面连续性

（2）方法二：切割后直接混接曲面

• 画出大致轮廓，并在轮廓末端用两点圆连接，生成底座。上面的两个圆用沿着法线挤出命令生成辅助面，用双轨扫掠生成底座，如图 5-57。

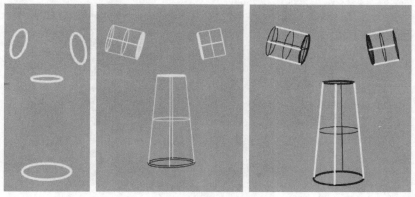

图 5-57　绘制模型轮廓

• 在上方两个辅助面的顶点提取一根结构线，并进行曲线混接来勾勒出轮廓，随后用曲线两端的圆和曲线进行双轨扫掠，形成上方的柱体，如图 5-58。

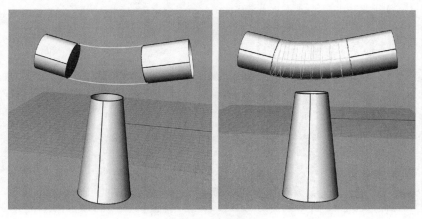

图 5-58　双轨扫掠

• 随后画一对对称的辅助线，并进行曲线混接，调整点，建议曲线不要与上方柱体中间的结构线相交，不然切割完之后边缘会断。用生成的曲线切割刚生成的上方柱体。切割完成后，删除下方多余的物体，如图 5-59。

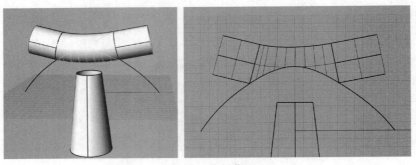

图 5-59　分割曲面

• 之后进行混接曲线操作，在开始之前要用分割边缘命令将底座上方的边缘分割，分两次混接。混接完成后，去掉多余的辅助线，查看斑马纹，没有发现褶皱，如图 5-60。

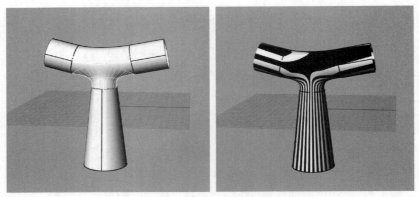

图 5-60　完成的效果

（3）方法三：插件补面法（需要 XNurbs 补面插件）

• 如果对生成最简面不熟悉，那么可以使用插件补面来解决。插件补面的方法其实与三管混接的方法类似，只是插件补面更简单直接，适合不熟悉补面的用户使用。前面的步骤和方法不一样，先做出一半的轮廓，如图 5-61。

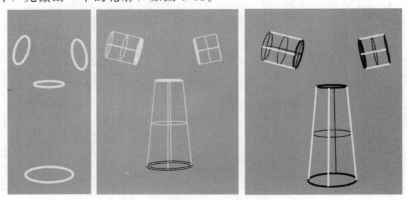

图 5-61　绘制模型轮廓

• 依旧在三根圆柱上的两个端点和中点抽离结构线，并使用混接曲线进行双轨扫掠，勾勒出加湿器轮廓。在上方生成的曲面的中点提取一个 V 方向的结构线，并使这条结构线和底座中点提取的结构线相混接，1 和 2 选择正切或曲率都可以，如图 5-62。

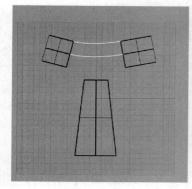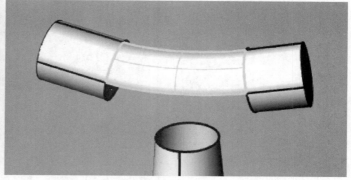

图 5-62　混接曲线、双轨扫掠

• 使用分割边缘命令，使轮廓为左右两边对称，用 XNurbs 插件生成一边的面，另一边直接镜像即可。选择好五个边界之后，在选项里选择将连续性应用于所有边界。边缘选择 G2，则其他边缘线都会变为 G2，曲线只能选择 G0，如图 5-63。

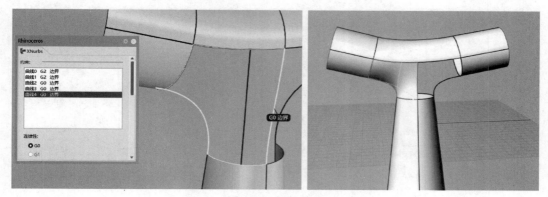

图 5-63　插件补面

• 生成好曲面后，使用镜像命令，再对整体进行镜像操作，删除多余的线段和辅助面，如图 5-64。

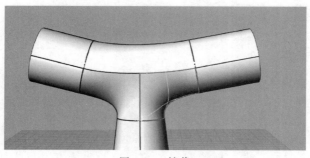

图 5-64　镜像

• 查看斑马纹，没有发现褶皱和破面的情况，如图 5-65。

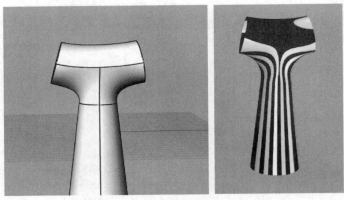

图 5-65　完成效果

　　至此这个加湿器的三种做法介绍完毕，由于本模型的难点在于加湿器本体，所以前面的小容器就不在此展示了。最后展示三个模型放在一起的线条对比。它们的顺序依次是手动混接、直接混接、插件补面，如图 5-66。

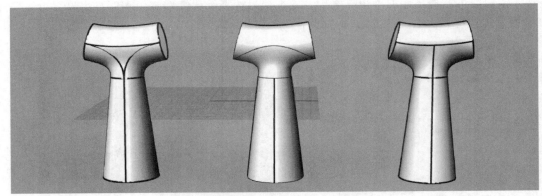

图 5-66　效果对比

总结：
　　有时候插件能给我们带来很大的便利，但是是在我们知道常规建模方法的基础上完成的。对于专业设计师来说，即使在没有各种插件的时候也应该能够完成模型的创建。

5.5　最简面

5.5.1　最简面原理

　　曲面的结构线和控制点数太多，无论对模型编辑点的调控与拼接，还是对曲面顺滑程度都是不利的，因此，创建的曲面在满足造型的基础上结构线和控制点越少越好。
　　曲面的质量是由曲线的质量来决定的，要想得到最简面，首先所采用的曲线必须是最简曲线，2.2.1 节讲过，绘制曲线时，控制点的数量必须大于等于阶数＋1，当控制点数等于阶数＋1 时，则为最简曲线，也称极顺曲线，常用极顺曲线有 2 点 1 阶、4 点 3 阶、6 点 5 阶、N 点 5 阶。如图 5-67，同为 5 阶曲线，在相似的造型下，控制点数不同形成的曲面复杂程度不同。

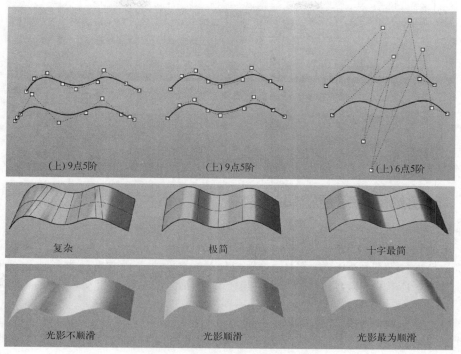

图 5-67 不同复杂程度曲面效果

十字最简曲面生成条件：

① 同方向曲线的属性相同（控制点数、阶数等），控制点分布类似；

② 曲线均为极顺曲线（控制点数＝阶数＋1）；

③ 对于单/双轨等部分曲面创建工具：

a. 不同方向曲线的端点需要相交，如图 5-68 所示；

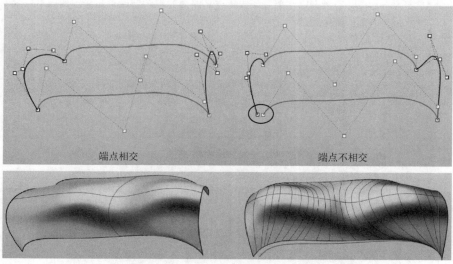

图 5-68 双轨扫掠时曲线端点相交与不相交生成面的效果对比

b. 断面曲线不能是封闭曲线，如图 5-69 所示。

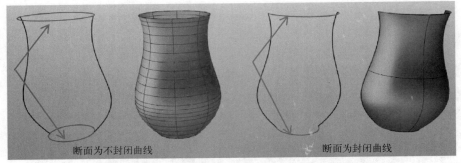

断面为不封闭曲线　　　　　　　　　　断面为封闭曲线

图 5-69　双轨扫掠时断面曲线封闭与不封闭生成面的效果对比

5.5.2　创建最简面常用工具

创建最简曲面的方法有很多，下面仅列出常用的四种曲面创建工具。

（1）单轨扫掠/双轨扫掠

双轨最简面扫掠条件如前文所述，单轨扫掠最简面生成条件与双轨类似，除满足同方向曲线属性相同，所有曲线为最简曲线外，路径和断面曲线的端点相交，断面曲线为不封闭曲线。

（2）以二、三或四个边缘曲线建立曲面

以此工具建立最简曲面时，不同方向的曲线端点可以不相交，能够创建最简的逼近曲面，如图 5-70。

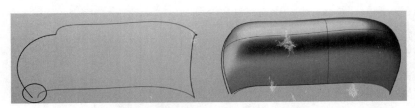

图 5-70　【以二、三或四个边缘曲线建立曲面】工具创建不相交的曲线

（3）放样

三条曲线均为 6 点 5 阶的曲线，选择【放样】工具，依次选择曲线的同一端，样式勾选标准可得到一个最简面，如图 5-71。

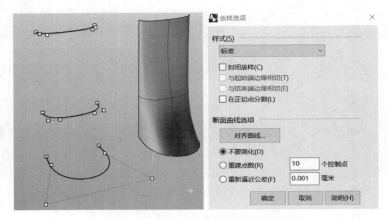

图 5-71　【放样】工具创建最简面

（4）旋转

将参考图片置入顶视图中，绘制水平中轴线、4 点 3 阶圆弧曲线、中部边界直线段，将圆弧线右端与直线左端进行相切衔接，如图 5-72（a）。将圆弧曲线沿中轴线镜像，相切衔接。圆弧和直线相交处运用  内差点曲线方式绘制 4 点 3 阶曲线，调整左视图控制点，如图 5-72（b）所示。

运用【沿路径旋转】工具生成最简曲面，如图 5-72（c）所示。

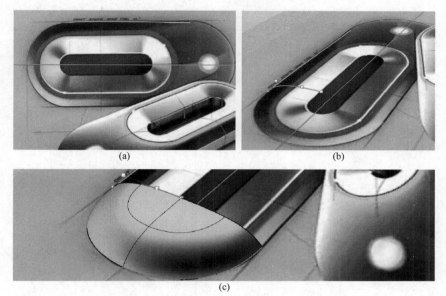

图 5-72　【沿路径旋转】工具创建最简曲面

5.5.3　创建最简曲面案例

本案例中医疗产品主体参考图如图 5-73。

图 5-73　医疗产品主体参考图

主体面的创建按照由整体到局部，由大面到小面，最后倒圆角的基本思路。该医疗产品整体是一个对称的结构，采用创建一半曲面、最后镜像的方式完成。具体步骤如下：

① 导入并调整参考图片，使三个方向的视图符合投影规律，对应尺寸大小相同，如图 5-74。

② 运用双轨扫掠完成主体大面的创建。

a. 绘制两个 7 点 5 阶的路径曲线（红线所示），调整控制点的位置，尽量让控制点的位置沿曲线法线方向相对应，如图 5-75（a）。

b. 在透视图中选择两点相接将圆绘制在主体上，使用主体轮廓线将圆分割，将圆重建为五点三阶并从圆的端点处画出两条正切线，将圆的两点调整到垂点上，如图 5-75（b）。

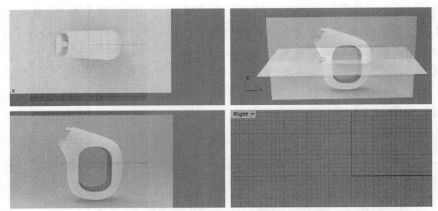

图 5-74　尺寸图

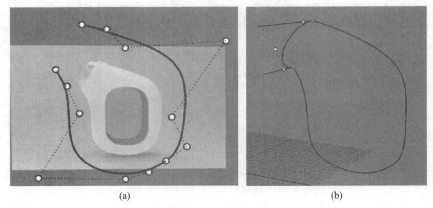

(a)　　　　　　　　　　　　　　(b)

图 5-75　主体制作

c. 将辅助线隐藏，使用双轨（sweep2）做出最简面，如图 5-76(a)。

d. 打开控制点，在顶视图中将面调成如图 5-76(b) 所示形态。

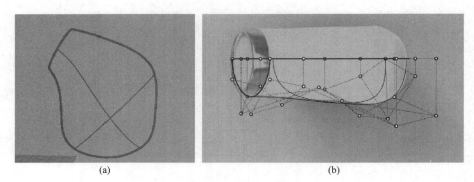

(a)　　　　　　　　　　　　　　(b)

图 5-76　主体形态调整

③ 细节处理，运用镜像、偏移、混接曲面完成表面细节。

a. 在【Front】视图（前视图）中，使用【Line_BothSides 直线：中点】工具，将表面细节装饰的辅助线画出，如图 5-77(a)。

b. 在【Front】视图中，使用【_Curve 控制点曲线】工具，将曲线按照参考图绘制，如图 5-77(b)。

c. 在【Front】视图中，使用【_Mirror 镜像】工具，进行两次对称，然后将图形向内偏移，如图 5-77(c)。

注意： 混接曲面时要选择曲率，大小都为 1。

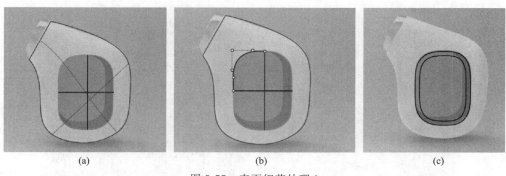

图 5-77　表面细节处理 1

d. 使用画出的轮廓线将面分割，删除割出的面，将中间面向内偏移，如图 5-78(a)。

e. 在【Perspective】视图（透视图）中，使用【_BlendSrf 曲面混接】工具，将曲面间隙补全。然后使用【_Join 组合】工具，将曲面封闭，如图 5-78(b)。

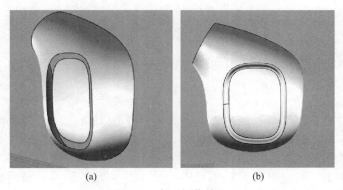

图 5-78　表面细节处理 2

④ 瓶口处装饰制作，运用分割、沿路径旋转完成制作。

a. 在【Front】视图中，使用【_Curve 控制点曲线】工具，将曲线按照参考图绘制，使用【_Split 分割】工具，将瓶口造型做出，如图 5-79(a)。

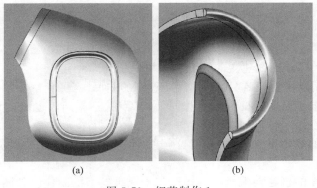

图 5-79　细节制作 1

b. 将面向内偏移 5 个厚度，将面做成主体然后使用【_Explode 炸开】工具，将主体炸开，删掉瓶口处的面，使用【_BlendSrf 曲面混接】工具，将曲面间隙补全，如图 5-79(b)。

c. 在瓶内做出如图 5-80 所示造型，使用【_RailRevolve 沿着路径旋转】工具，将内部装饰做出。

d. 将主体镜像，完成模型制作。

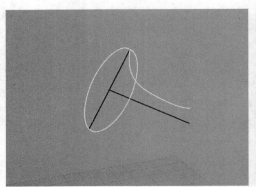

图 5-80　细节制作 2

习题

一、选择题

1. 单击【方向分析】按钮可查看曲面的 UVN 方向，红色箭头代表_____方向，绿色箭头代表_____方向，白色箭头代表_____方向。

A. UVN　　　　　　　B. NVU　　　　　　　C. VNU　　　　　　　D. UNV

2. 用【斑马纹分析】工具检测曲面的连续性时，如果两个曲面边缘重合，斑马纹在两个曲面相接处断开，这表示两曲面之间为_____连续。

A. G0　　　　　　　　B. G1　　　　　　　　C. G2　　　　　　　　D. G3

3. 利用【以平面曲线建立曲面】工具可以将一条或多条同一平面内的_____曲线创建为平面。

A. 一条　　　　　　　　　　　　　　B. 多条

C. 一条或多条　　　　　　　　　　　D. 一条或多条平面封闭

4. 在使用【放样】命令时，所基于的曲线最好_____、_____数目都相同，并且 CV 点的分布相似，这样得到的曲面结构线最简洁。

A. 点数，阶数　　　　B. 段数，点数　　　　C. 点数，段数　　　　D. 阶数，段数

二、判断题

1. 绘制最简面时只能使用四根线且点数、阶数都相同。（　　　）

2.【双轨扫掠】、【以网线建立曲面】工具可以达到 G3 连续。（　　　）

3.【不等距曲面混接】工具只能生成 G2 连续的曲面。（　　　）

4. 使用【放样】工具时，曲线阶数相同，CV 点数不相同，也能得到最简面。（　　　）

三、实践操作

1. 通过控制点的编辑工具创建猫头鹰卡通瓶模型。核心制作过程及最终效果如图 5-81 所示。

2. 通过放样等面的创建与编辑工具进行勺子三维模型的制作。如图 5-82 所示。

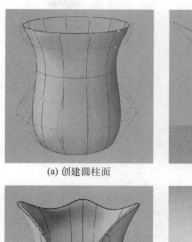

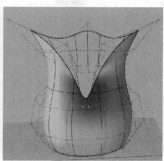

(a) 创建圆柱面　　　　　　　　　(b) 调节控制点

(c) 制作底面圆角、眼睛并偏移厚度　　　　(d) KeyShot渲染

图 5-81

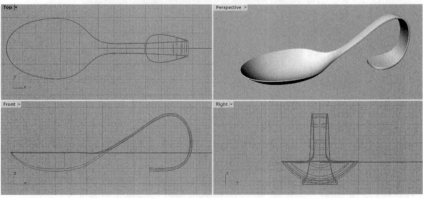

图 5-82

　　3. 通过旋转等面的创建工具及阵列等编辑工具进行花朵造型灯具三维模型的制作，其
效果图及线框图如图 5-83 所示。

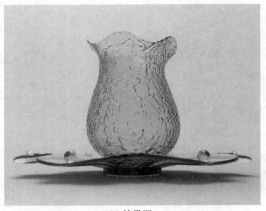

(a) 效果图

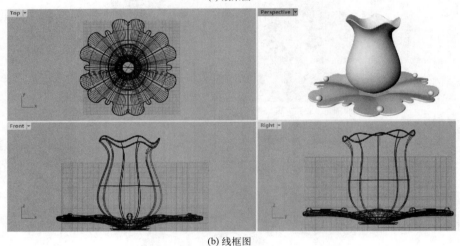

(b) 线框图

图 5-83

　　4. 综合运用面的创建及编辑工具进行美容仪三维模型的制作，其效果图及线框图如
图 5-84 所示。

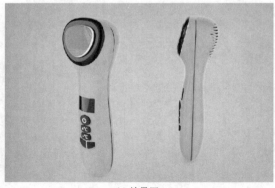

(a) 效果图

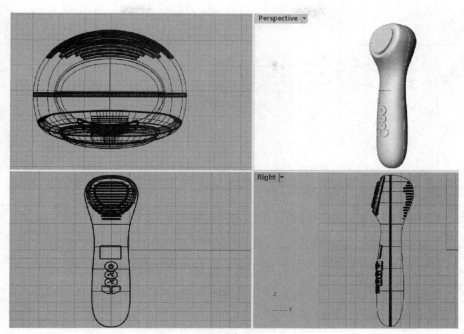

(b) 线框图

图 5-84

第6章

实体编辑与操作

知识目标

① 掌握实体编辑工具中布尔运算的使用方法。

② 掌握实体编辑工具中不同圆角工具的使用方法。

③ 掌握实体编辑工具中封闭的多重曲面薄壳工具的使用方法。

④ 掌握实体编辑工具中将平面洞加盖与抽离曲面工具的使用方法。

⑤ 掌握实体编辑工具中创建孔洞与折叠面工具的使用方法。

⑥ 了解其他常用实体编辑工具的使用方法。

能力目标

① 能够灵活运用实体编辑工具中的布尔运算工具进行曲面与实体的编辑。

② 能够正确选用实体编辑工具中的两种圆角工具进行实体的圆角处理。

③ 能够熟练运用封闭的多重曲面薄壳、将平面洞加盖与抽离曲面、创建孔洞与折叠面工具进行实体的编辑。

④ 能够选用其他合适的实体创建与编辑工具进行产品三维形态的构建。

当产品的形态并非以流线型、不规则曲面等曲面造型为主，而是以简单、规则的常规几何体为主时，利用实体工具进行产品主体形态的建模是比较合适的建模思路。除此之外，对于曲面建模完成的造型，运用实体工具进行圆角处理、分模线制作也会比单纯运用曲面工具进行处理方便得多。

实体工具分为实体创建工具（图 6-1）和实体编辑工具（图 6-2）。

图 6-1　实体创建工具

图 6-2 实体编辑工具

实体建模思路主要是切割、叠加，对应的是 Rhino 软件里面的布尔运算。这里将从布尔运算工具开始讲解常用的实体编辑工具。

6.1 布尔运算工具

6.1.1 布尔运算联集与差集

布尔运算联集是将两个实体或者多重曲面组合成一个实体，或者一个多重曲面。

两个实体使用布尔运算联集之后变成一个实体，如图 6-3。

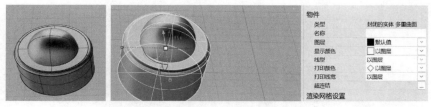

图 6-3 两个实体使用布尔运算联集

实体与曲面使用布尔运算联集之后变成一个开放的多重曲面，如图 6-4。

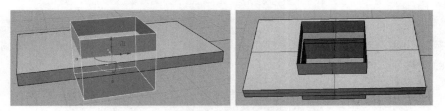

图 6-4 实体与曲面使用布尔运算联集

✎ 注意：

在做布尔运算时一定要注意物体的法线方向，两个物体的正反面方向正确了，才能得到想要的结果，否则会出现问题。如图 6-5 中的开放曲面的法线方向朝内，即曲面内面为正面，布尔运算联集之后，结果与外面为正面时完全不同。

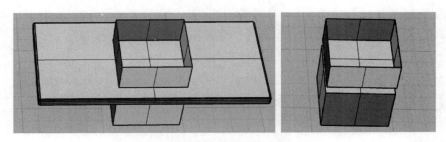

图 6-5 开放曲面的法线方向朝内

布尔运算差集：可以进行两个实体间的差集运算，如图 6-6；也可以进行曲面与实体间的差集运算，如图 6-7。

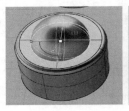 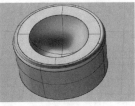 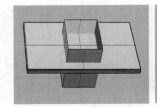 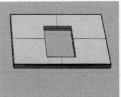

图 6-6　两个实体间的差集运算　　　　　　图 6-7　曲面与实体间的差集运算

6.1.2　布尔运算交集与分割

布尔运算交集：将两个实体（多重曲面）重叠的部分保留下来，形成新的实体（多重曲面），操作时分别点击两个实体（多重曲面）或者框选后，执行工具，重叠的部分即可保留下来，如图 6-8。

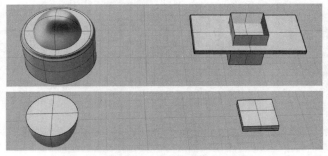

图 6-8　布尔运算交集

布尔运算分割：将一个实体或多重曲面分割成两个实体或者多重曲面，在分割时会自动将分割开的面封上，如图 6-9、图 6-10。

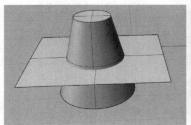 

图 6-9　布尔运算分割 1

 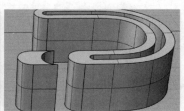

图 6-10　布尔运算分割 2

6.2　工程实体工具

6.2.1　边缘圆角与不等距边缘混接

（1）两者的区别

以图 6-11 所示实体为例，边缘圆角工具得到的圆角曲面间的连接为 G1 连接，如图 6-12。不等距边缘混接得到的圆角曲面间的连接为 G2 连接，如图 6-13。因此，不等距边缘混接得到的圆角光影关系更加顺滑。

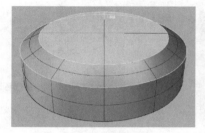
图 6-11　实体

图 6-12　G1 连接

图 6-13　G2 连接

（2）圆角失败常见原因及解决方法

① 失败原因：有细小的碎面。解决方法：将破碎的面删掉，重新创建完整而有效的面。

如对图 6-14 红色箭头所指的实体边缘进行圆角处理，执行圆角工具后，圆角失败，未修剪掉多余的边，如图 6-15 所示。利用边缘检测工具，放大后能够看出有一处非常细小的碎面，如图 6-16 所示。将此面删除后，重建成完整的曲面，如图 6-17 所示。再次执行圆角工具后得到正确的结果，如图 6-18 所示。

图 6-14　实体边缘

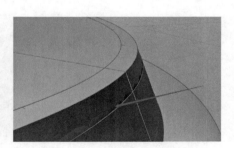
图 6-15　未修剪掉多余的边

图 6-16　细小的碎面

图 6-17　重建成完整的曲面

图 6-18　正确的结果

② 失败原因：倒角值过大。

a. 超过了边长，如图 6-19 所示。解决方法：将圆角半径值调为小于或等于边长，如图 6-20 所示。

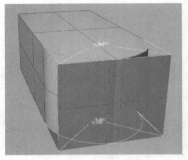

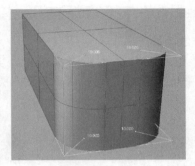

图 6-19 超过了边长　　图 6-20 将圆角半径值调为小于或等于边长

b. 超过了最小半径，如图 6-21 所示。解决方法：用半径尺寸标注工具测出需要圆角的边缘曲线的最小半径，将圆角半径值调为小于此最小半径，如图 6-22 所示。

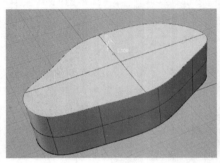
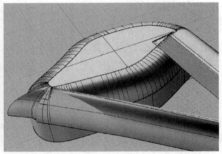

图 6-21 超过了最小半径

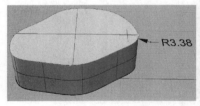

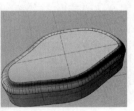

图 6-22 将圆角半径值调为小于此最小半径

③ 失败原因：倒角顺序错误，如图 6-23 所示。解决方法：先导半径值大的圆角，后导半径值小的圆角，如图 6-24 所示。

④ 失败原因：平面本身不是单一的面，而是由多个面组成，如图 6-25 所示，左图箭头指示处分别为两个面。解决方法：用 ![图标]（共面曲面并集）工具将多个面合并成一个面，再进行圆角，如图 6-26 所示。

圆角技巧总结：圆角半径不能过大，圆角顺序应先导半径较大的，共平面的面要进行合并。

其余常见圆角破面修补方法与圆管修剪后混接圆角的方法见曲面编辑工具相关章节。

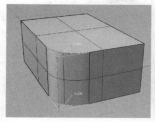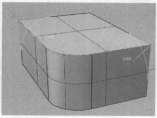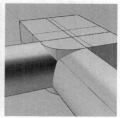

图 6-23　倒角顺序错误

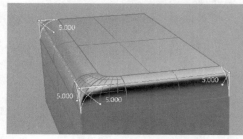

图 6-24　先导半径值大的圆角，后导半径值小的圆角

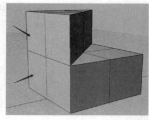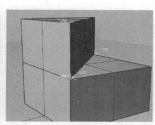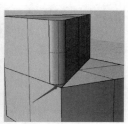

图 6-25　平面本身不是单一的面

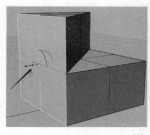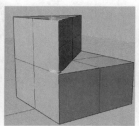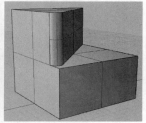

图 6-26　将多个面合并成一个面

6.2.2　封闭的多重曲面薄壳

　　封闭的多重曲面薄壳：是针对完全封闭的多重曲面制作壁厚，分别对图 6-27 中左、中、右三个物体做抽壳，左侧物体没有成功是因为该物体不是完全封闭的多重曲面，中间物体成功了，是因为该物体是一个完全封闭的多重曲面。

　　右侧的封闭多重曲面，上表面为两个曲面，在选取上表面进行抽壳的时候，须同时选取两个面方能抽壳成功，如图 6-28。

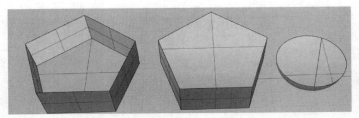

图 6-27　抽壳

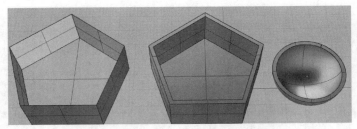

图 6-28　抽壳成功

6.2.3　将平面洞加盖与抽离曲面

将平面洞加盖：封闭的平面缺口可以运用此工具进行加盖，如图 6-29：左侧物体不是封闭缺口，不能运用此工具进行加盖；中间物体是封闭的缺口，但曲面边缘是空间曲线不是平面，也不能运用此工具进行加盖；右侧物体符合封闭的平面缺口，运用此工具成功加盖，如图 6-30。

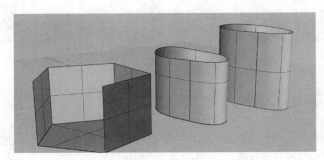

图 6-29　加盖 1

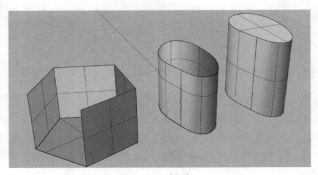

图 6-30　加盖 2

抽离曲面：抽离曲面和上面的加盖是相反的，抽离曲面可以将物体的一个曲面或者多个曲面抽离出来，在抽离曲面的时候可以选择复制曲面，如图 6-31，将吹风机的其中几个曲面抽离出来，完成之后如图 6-32。

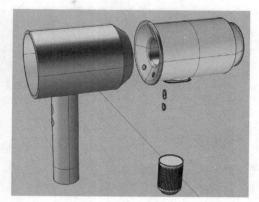

图 6-31　曲面抽离　　　　　　　　图 6-32　完成效果

6.2.4　洞

建立圆洞：在一个实体或者多重曲面上建立圆洞时可以选择圆的大小、圆的深度，如图 6-33。

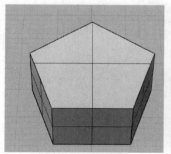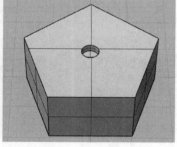

图 6-33　建立圆洞

建立洞：可以将任何封闭曲线做成洞，如图 6-34。

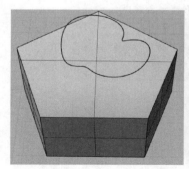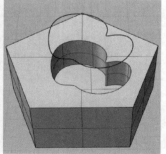

图 6-34　建立洞

将洞删除：可以将实体或者多重曲面上的洞删除复原，如图 6-35。

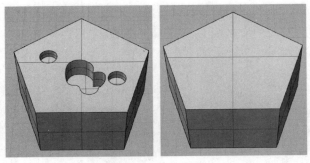

图 6-35　将洞删除

6.2.5　将面折叠

将面折叠即将一个平面按照指定方向进行折叠。操作方式：选取一个平面，选择对称轴起点，选择对称轴终点，确定折叠的角度或第一参考点，折叠面，如图 6-36～图 6-40。

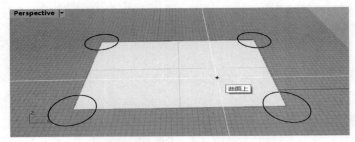

图 6-36　选取面

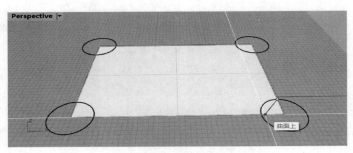

图 6-37　对称轴的起点

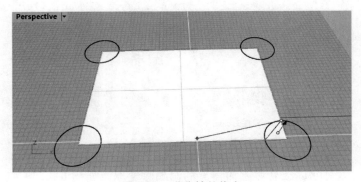

图 6-38　对称轴的终点

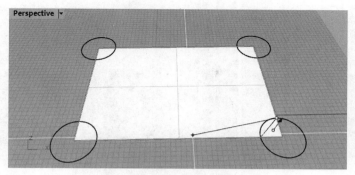

图 6-39　角度或第一参考点

图 6-40　折叠面

　　另外，线切割、将面移动、自动建立实体、将面分割等工具虽然使用频率不是很高，但是当用到时也是较实用的工具，因此，在训练中应尽量实践操作一下，熟悉其用途和使用方法。

习题

一、选择填空题

　　1. 布尔运算通过对两个以上的物体进行_____集、_____集、_____集的运算，从而得到新的_____形态。

　　2. 系统提供了 4 种布尔运算方式：联集、差集、交集与分割。差集包括_____和_____两种。

　　3. 不属于布尔运算的命令是（　　）。

　　A. 差集　　　　　　　B. 打断　　　　　　　C. 联集　　　　　　　D. 交集

　　4. 布尔运算是一种关系描述系统，可以用于说明将一个或多个基本实体合并为统一实体时各组成部分的构成关系，它有联集、差集、（　　）和分割四种操作方式。

　　A. 剪切　　　　　　　B. 交集　　　　　　　C. 分离　　　　　　　D. 排除相交

二、判断题

　　1. 曲面的法线方向不正确、两个物件交集处有控制点重叠在一起（有汇集点）、物件可能有某部分的曲面重叠或相切是布尔差集失败可能的原因。（　　）

　　2. 逻辑运算是一种处理事件真假值的运算，也称为布尔运算。（　　）

　　3. 曲线的布尔运算可以快速地对曲线进行编辑。但曲线布尔运算只能将几个图形合并在一起（执行联集功能），不能将图形相减执行差集功能。（　　）

三、综合训练

构建魔方插座三维模型，如图 6-41 和图 6-42 所示。

图 6-41　三维效果图

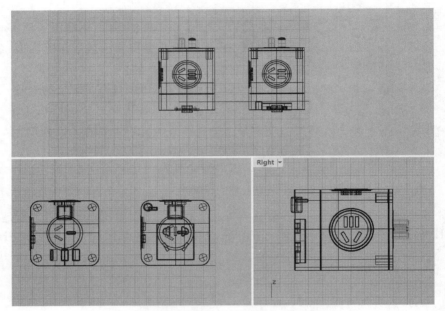

图 6-42　线框图

第7章

KeyShot for Rhino渲染基础

知识目标

① 熟悉KeyShot软件的界面、基本操作及渲染基本流程。

② 了解KeyShot【库】面板的基本内容。

③ 了解KeyShot【项目】面板的基本内容。

④ 掌握KeyShot产品设计中常用材质的设置项目及参数。

⑤ 掌握KeyShot渲染中的布光原则。

⑥ 掌握渲染设置界面各项目及参数。

能力目标

① 能够进行KeyShot for Rhino联动插件的下载与安装。

② 能够进行KeyShot【库】面板的基本操作。

③ 能够进行KeyShot【项目】面板的基本操作。

④ 能够进行塑料、金属、油漆、透明等常用产品设计中材质的设置。

⑤ 能够进行KeyShot灯光的设置与编辑。

⑥ 能够运用KeyShot进行产品效果图的渲染输出。

　　在这个"高颜值"的年代，表现逼真、渲染氛围到位的产品效果图无论是在大赛答辩、找工作，还是在方案展示、项目投标中，无疑都会成为最有说服力的加分项。因为再好的文笔也没有效果图来得直观，做任何事情之前，我们先要弄明白，我们的目的是什么，才能有针对性地去做。产品渲染的目的绝不是炫酷，其主要目的是用于产品方案的展示，包括产品不同角度的外观、色彩方案展示，产品结构爆炸图，表达产品情感信息的氛围图，等等，这些内容会以静态图片、动态视频或者交互 VR 的形式高效、准确地传达出来。因此，产品渲染技术是设计师成果表达时必备的一项技能。

　　市场上工业产品渲染可用的软件很多，以高效率、高品质为原则，本章选取了 Rhino 的常用组合软件——KeyShot 来进行产品的静态图片渲染技术讲解，下面我们先来了解 KeyShot 软件。

7.1　KeyShot 渲染器简介

　　KeyShot 是一款能够应用在 Mac 和 Windows 平台上进行实时渲染的软件，它能够简单快速地通过拖放库文件的方式为模型赋予材质，设置灯光、场景等，从而让普通用户的三维模型也能得到逼真的渲染效果。

　　KeyShot 软件能够单独使用，也可以以 Rhino 软件插件的方式进行联动操作，即 Rhino 中对模型所做的修改可以与 KeyShot 中的模型数据联动，而不需要重新分配材料或灯光，从而使用户使用起来更加快捷、方便，也使得 KeyShot 渲染器成为 Rhino 用户的首选。

7.1.1　KeyShot for Rhino 联动插件的下载与安装

　　首先单独安装好 Rhino 和 KeyShot 软件，并启用 KeyShot 软件的实时链接端口，如图 7-1，此处以 Rhino7.0 和 KeyShot10 为例进行操作演示，其余版本与此类似。

　　选择下拉菜单【编辑】里的"首选项"进行启用实时链接端口的设置。

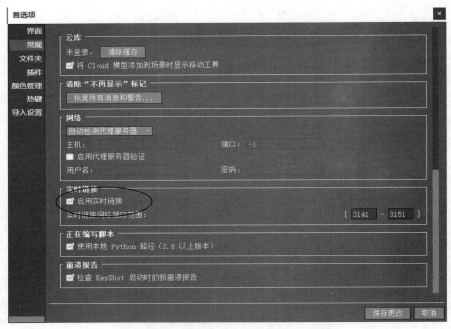

图 7-1　KeyShot 启用实时链接端口的设置

　　① 进入 KeyShot 官网，找到所需版本的 KeyShot 插件链接，下载 keyshot10_rhino_1.2.rhi 文件，如图 7-2。

　　② 点击下载的 keyshot10_rhino_1.2.rhi 文件，按照提示进行插件安装，如图 7-3。

注意：　当下载的文件无法打开，双击后弹出"以什么方式打开 .rhi 文件"时，将 key-shot10_rhino_1.2.rhi 后缀改为 rar 压缩文件，然后解压成文件夹，进入【Rhino 选项】里，选择【插件程序】，点击"安装"按钮，选择 KeyShot10RhinoPlugin.rhp 文件，进行安装即可，如图 7-4。

图 7-2　KeyShot for Rhino 联动插件的下载

图 7-3　KeyShot for Rhino 联动插件的安装

图 7-4　在 Rhino 插件程序里进行安装

图 7-5　KeyShot 的 3 个
操作图标

安装好 KeyShot for Rhino 联动插件后，Rhino 软件界面上会出现 KeyShot 的 3 个操作图标（图 7-5），点击第一个图标，可打开一个带有与 Rhino 软件中同样三维模型的 KeyShot 软件操作界面。当对 Rhino 软件的三维模型进行修改后，点击第二个图标，KeyShot 软件里的模型便会同步更新。

7.1.2　KeyShot 界面简介

KeyShot 的操作界面简单易用，整个工作界面一目了然，可分成六部分，即菜单栏、功能图标栏、库面板、工作视图、项目面板以及面板工具栏。图 7-6 为初始启动时的默认（Default）界面。

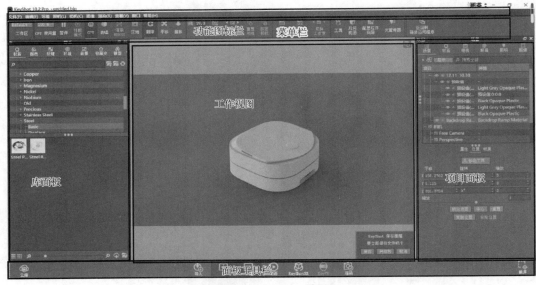

图 7-6　KeyShot 界面

（1）菜单栏

包括了所有基本菜单的工作栏，包括文件、编辑、环境、相机、照明等菜单，可以设置首选项、灯光、视角和照明模式等。

（2）功能图标栏

功能图标栏见图 7-7。

图 7-7　默认工作区的功能图标栏

• 工作区：工作区可在浅色和深色主题界面之间进行选择。鼠标右键单击功能图标栏，可以选择需要显示的功能图标，将不需要显示的图标隐藏掉，保存成个人定制的工作区（图 7-8），以使界面更加简洁。

• CPU/GPU 使用量：实时视图所处的 CPU/GPU 模式，分配 KeyShot 软件实时渲染窗口所使用的 CPU/GPU 内核数量。当没有同时使用其他软件时，可提高至 100％。CPU 渲染模式相对 GPU 更准确一些，特别是针对液体材质，CPU 渲染模式效果更佳。GPU 模式渲染速度更快。

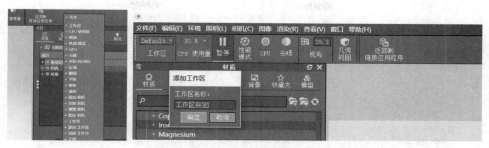

图 7-8　自定义工作区

- ▮▮暂停：暂停实时视图渲染，否则 KeyShot 软件会一直处于渲染中。
- ⟳性能模式：打开性能模式，会简化物体的材质与投影等效果的计算，降低实时渲染设置，获得更快的渲染速度。性能模式也可以通过"照明"选项卡开启。
- G翻转、✕平移、⬆推移：使用这三个控件可调整相机角度、位置等，进行工作视图中物体的显示大小、位置与视角的调整与观看。也可直接用带滚轮的鼠标实现这些功能：左键进行翻转，按下滚轮中轴键进行平移，上下滚动滚轮中轴键进行缩放（推移）。
- ▦视角：通过输入数值快速调整相机的透视角度。
- G GPU：当电脑具有满足要求的 GPU 时，则此按钮将出现在功能区中，并可切换到 GPU 模式，提高渲染速度。如果图标禁用了，则表示需要更新 GPU 驱动程序。
- ⬡几何视图：几何图形视图（图 7-9），可以查看相机视角，可以移动模型场景，这个操作模型和工作视图的区别在于，工作视图是最终效果的实时预览，是实时进行渲染的，而几何图形只是模型数据，在移动和编辑的时候可以说快得多，而且不需要再调整相机视角，便可以调整视角外的内容（在灯光等内容上更加高效），这样就可以节省很多时间。

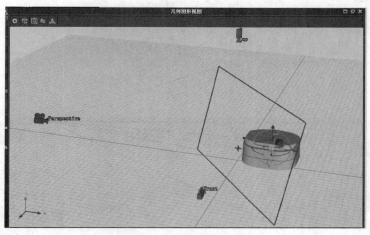

图 7-9　几何图形视图界面

✎ **注意：**　在几何图形视图窗口不能选择物件，需要到项目面板的场景中进行物件的选择。

（3）库面板

KeyShot 库面板，存放着可在场景中使用的库存材质、颜色、纹理、环境、背景和模型等预设好的资源文件，可以直接使用。如果需要更多的资源文件，可从云库直接下载或者从电脑上已有的其他文件夹中提取资源。

（4）项目面板

KeyShot 项目面板包含场景中所有内容的所有设置和更改，包括场景管理、材质编辑、环境调整、照明设置、相机调整和图像处理等。

（5）面板工具栏

面板工具栏（图 7-10）由云库、导入、库、项目、动画、渲染等几个部分组成。可进行模型导入、资源下载、渲染等快捷操作以及库、项目、动画等面板的显示和隐藏。

图 7-10　面板工具栏

7.1.3　KeyShot for Rhino 渲染基本流程

（1）模型分层

在 Rhino 软件里按照材质的不同对模型进行图层的分配处理。点击 KeyShot 插件的第一个控件图标启动 KeyShot 软件，如图 7-11。KeyShot 关联界面见图 7-12。

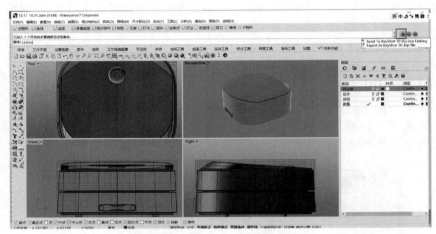

图 7-11　Rhino 软件模型分层

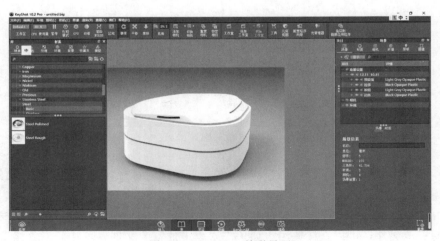

图 7-12　KeyShot 关联界面

可以看到，由于没有赋予材质，模型只是显示了 Rhino 中分层的效果，但即便这样，模型底部也产生了比较柔和的阴影效果，这是场景中默认灯光的作用。

（2）分配材质

从【库】/【材质】选项卡中，通过拖放的方式赋予每个图层物件相应的材质，KeyShot 材质库中预制超过 600 个科学准确的材质，可简单地拖放到 KeyShot 实时视图中的模型上。

在【项目】/【材质】选项卡中，可以调整材质的参数，如图 7-13 所示。

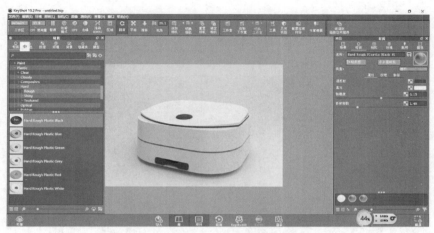

图 7-13　分配材质

此时由于场景中灯光照射的问题，模型的材质显得很平淡。

（3）调整环境与灯光

在【库】/【环境】中通过拖放，将环境贴图加载到场景中，采用环境贴图的方式照亮场景，并在反射材质物件表面产生环境反射效果。在【库】/【背景】中通过拖放，将适合的背景图片放置到场景中，使图片效果更真实。

在【项目】/【环境】中可以调整环境贴图的相关参数。HDRI 编辑器是专业的环境贴图编辑软件，可提供更多的操控性，用来编辑环境贴图。如图 7-14 所示，结合 HDRI 编辑器调整环境与灯光。

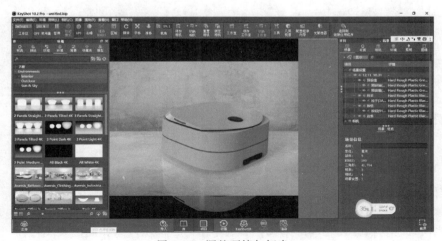

图 7-14　调整环境与灯光

（4）渲染图像

当渲染效果满意后，单击视图下方的【渲染】按钮，可以打开渲染输出的控制面板，如图 7-15（a）所示。其中，"文件夹"可以指定渲染的保存路径；"格式"默认为 JPEG 格式，也可以存储为 TIFF 格式，这样就可以利用 Photoshop 的通道功能，将模型和背景进行分离；"分辨率"可以设置输出的尺寸。当一切设置无误之后，可以单击右下角的渲染按钮对模型进行渲染。

渲染完成后就可以输出高品质的图像以及相关后期修图通道了。图 7-15（b）所示为最终渲染的图像与相关修图通道。

（a）

（b）

图 7-15　渲染图像与相关修图通道

（5）图像调整

运用 Photoshop 软件进行图像细节的调整，包括对比度、高光处理等，见图 7-16。

7.1.4　KeyShot 常用设置更改

（1）自定义工具栏

右键单击 KeyShot 底部的面板工具栏，可以打开和关闭标签中的文本，在三种不同大小的图标之间进行切换。以相同的方式，右键单击与顶部功能区相同的"库"和"项目"窗口选项卡进行相同功能的操作，见图 7-17。

图 7-16　图像调整

图 7-17　自定义工具栏

（2）首选项常用设置

执行"编辑"→"首选项"命令，弹出如图 7-18 所示的"首选项"对话框。这个对话框中一些常用设置操作如下。

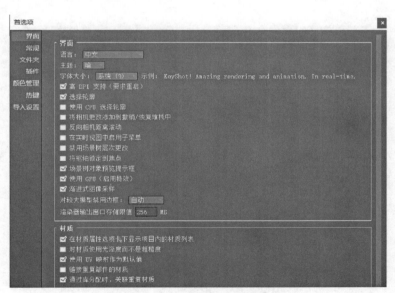

图 7-18　首选项界面设置

①"界面"选项。

界面：

• 选择轮廓：勾选时，在选定的零件周围显示橙色轮廓。

• 反向相机距离滚动：根据个人使用鼠标滚轮缩小和放大物体时的习惯来决定是否勾选此项，这里根据作者操作习惯选用不勾选。

- 在实时视图中启用子菜单：启用时将在逻辑上对子菜单进行分组，使用更清晰。
- 场景树对象预览提示框：选中后，将鼠标悬停在场景树中时，将看到旋转的着色预览。
- 使用 GPU（启用特效）：选中后，启用"项目"面板中"图像→图像样式"下的"泛光""渐晕"和"色差"效果，需要根据显卡的功能来确定是否可以选择。
- 渐进式图像采样：选中后，KeyShot 将在移动摄像机时对场景进行降采样，以实现更快的性能。在具有多个内核的机器上，可以关闭此功能，以确保相机平稳移动而不会降低质量。
- 对较大模型禁用边框：

自动：选择后根据可用的 GPU 内存自动选择是否禁用边框。

自定义：通过定义模型中的三角形最大数量指定禁用边框的条件。

材质：

- 在材质属性选项卡下显示项目内的材质列表：勾选时，将在项目面板→材质选项里显示所有项目中使用的材质球。
- 使用 UV 映射作为默认值：赋予材质时，将默认映射类型设置为 UV 映射。
- 通过库分配时，关联重复材质：选中后，赋予相同材质时，会提示是否链接材质，选择"是"后，通过链接材质，可以将场景中所有相同的材质链接起来，快速清除掉相同材质自动生成的副本，相同材质在项目面板中只显示一个材质球。

② "常规"选项。

首选项常规设置见图 7-19。

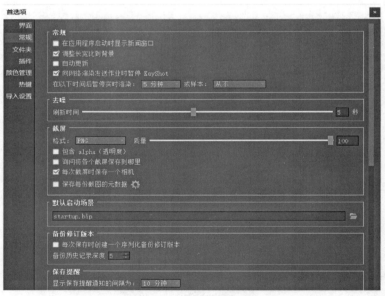

图 7-19　首选项常规设置

a. 常规：

- 在应用程序启动时显示新闻窗口：启动时，显示初始屏幕，其中包含最近的场景、演示场景、新闻和信息。可将勾选去掉不启动。
- 调整长宽比到背景：调整实时渲染的长宽比，使其与背景贴图的长宽比一致。勾选启动。

- 自动更新：当有新版本可下载时会提示用户去下载。不勾选此项。
- 向网络渲染发送作业时暂停 KeyShot：
- 在以下时间后暂停实时渲染：可以设置一个数值来确定每过多长时间会自动停止实时渲染。若 CPU 不是很强悍，建议 5～15s 暂停一次。开启"任务管理器"可以查看 CPU 的使用率。

b. 去噪：

刷新时间：设置重新计算去噪的间隔。默认即可。

c. 截屏：KeyShot 可以将实时渲染的画面通过截屏保存，保存的格式有 .jpg 和 .png 两种，还可以指定截图的质量。

- 询问将各个截屏保存到哪里：每次截屏都询问保存目录，一般不用勾选。
- 每次截屏时保存一个相机：此选项比较重要，每次截屏时所使用的视角会自动保存在"相机"面板中，以便以后再次调用这个截图的视角。

d. 默认启动场景：可以设置 KeyShot 启动时的默认场景文件。要进行更改时，只需单击文件夹图标并浏览到希望 KeyShot 在启动时加载的场景文件即可。

e. 保存提醒：

- 显示保存提醒通知的间隔为：KeyShot 将提示用户以所选间隔保存。根据需要自行选择每 5、10、15、30 或 60 分钟。如果不希望显示"保存提醒"，应选择"从不"。

③"文件夹"选项。

在这里可以指定素材引用的路径，如图 7-20 所示为"文件夹"选项。需要特别注意的是，当使用"定制各个文件夹"选项来自定义素材的保存目录时，KeyShot 不支持中文路径。当用户设置为中文路径时，会出现全黑场景，看不到材质，开启场景也不会显示环境贴图。

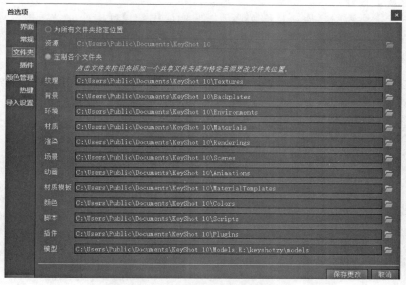

图 7-20 首选项文件夹设置

为了能够更好地管理 KeyShot 的各项资源文件，减少软件启动时的耗时量，用户可以在常用文件资源存放的硬盘区建立属于自己的 KeyShot 资源库，创建各类资源文件夹，在首选项→文件夹的相应项目里添加自建的资源文件夹即可，如图 7-21 所示。

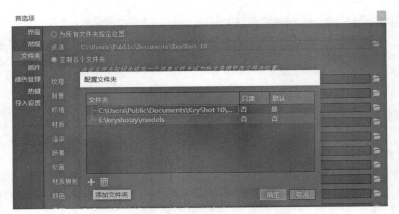

图 7-21　添加资源文件夹

7.2　KeyShot【库】面板

KeyShot 库面板通常位于 KeyShot 界面的左侧，包含了一些可以在场景中使用的默认的资源，如：材质、颜色、纹理、环境、背景和模型。KeyShot 库窗口被水平分割成两个视图面板，上半部分的面板展示文件夹结构，下半部分以缩略图的形式展示当前突出显示的文件夹里的内容，可以将这里的内容通过点击并拖动任何一项到实时窗口中，进行模型渲染。

7.2.1　【材质】选项卡

材质库包含了各种预设的材质，如金属、塑料、玻璃等（图 7-22）。用户可以通过材质库面板查看和选择所需的材质，从而快速地将它们应用到设计中。此外，用户还可以通过编辑材质的参数来调整材质的外观和属性，以满足其具体的设计需求。点击材质库中的某一材质并拖动给物体，可给物体赋予一个新材质。

图 7-22　【材质】选项卡

：点击此按钮可以添加自定义材质文件夹。

：点击此按钮可以导入 KMP 材质文件。

7.2.2　【颜色】选项卡

颜色选项卡中包含了各种预设的不同类型颜色，如经典色、温暖色、基本色等；同时还包含了多种色卡，如 PANTONE 颜色库等。用户可以通过颜色库面板查看和选择所需的颜色，从而快速地将它们应用到设计中。如图 7-23。

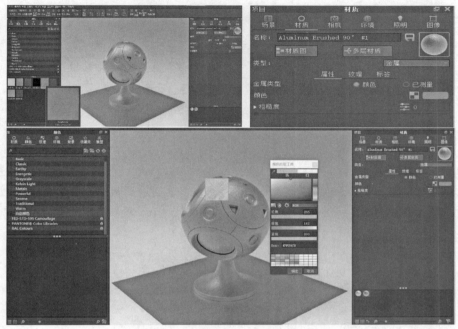

图 7-23　【颜色】选项卡

点击颜色面板中的某一颜色并拖动给物体，可以改变物体的颜色。若拖放给物体但不显示颜色，可以在【项目】/【材质】选项卡的【属性】中将【颜色】勾选上，即可显示所赋予物件的新颜色。

　　：点击此按钮可以添加自定义颜色文件夹。

　　：点击此按钮可以导入 KCP、CSV 颜色文件。

　　：点击此按钮可以根据接近的颜色匹配进行搜索。

7.2.3　【纹理】选项卡

纹理选项卡中包含了各种预设的纹理，如木纹、金属纹理等。用户可以通过纹理库面板查看和选择所需的纹理，从而更好地表现其设计中的物体表面。此外，用户还可以通过编辑纹理的参数来调整其外观和属性，以实现更细致的表现效果。如图 7-24。

点击纹理库中的某一纹理并拖动给物体，可以给物体赋予一个新纹理。

若拖放后的纹理达不到想要的效果，可以在【项目】/【材质】选项卡的【纹理】选项中对该纹理进行参数的修改来满足更加精细的表现效果，如图 7-25。

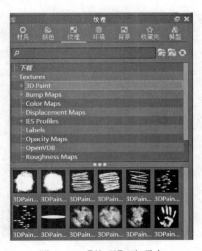

图 7-24　【纹理】选项卡

图 7-25　给物体赋予纹理

7.2.4　【环境】选项卡

环境库包含了各种预设的环境，如室内、室外、自然景观等。用户可以通过环境库面板查看和选择所需的环境，从而更好地呈现其设计的场景。此外，用户还可以通过调整环境的光照、背景等参数来优化其渲染效果。点击环境面板中的某一环境并拖动给物体，可以使物体位于一个新的环境中。如图 7-26。

图 7-26　【环境】选项卡

7.2.5　【背景】选项卡

点击背景面板中的某一背景并拖动给物体，可以赋予物体一个新的背景（图 7-27）。

：点击此按钮可以添加自定义背景文件夹，见图 7-28(a)。

：点击此按钮可以导入自定义背景，见图 7-28(b)。

7.2.6　【模型】选项卡

：点击此按钮可以从场景将模型添加到库，在添加的时候只勾选几何图形选项（图 7-29）。

【模型】选项卡下方各图标功能见图 7-30。

1：以列表视图/图标视图进行显示切换。

2：滑动改变列表视图/图标视图的图像大小，也可以点击 或 来进行图像大小的更改。

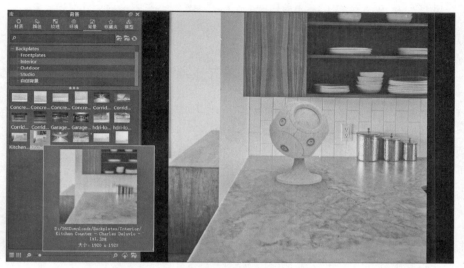

图 7-27　【背景】选项卡

(a)　　　　　　　　　　　　　　　　　(b)

图 7-28　添加和导入自定义背景

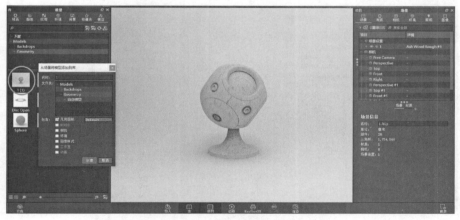

图 7-29　添加自定义模型

图 7-30　【模型】选项卡下方各图标功能

3：点击此按钮将自定义模型上传到云库。

4：点击此按钮可以导出模型到电脑中。

7.3　KeyShot【项目】面板

【项目】面板有 3 种打开方式：一种是单击 KeyShot 软件界面下部的"项目"按钮（快捷键'空格'）；一种是点击软件下面的项目选项；另一种就是双击物体，弹出如图 7-31 所示的【项目】面板。项目中模型文件的复制模型、删除组件、编辑材质、调整灯光、相机等操作都可以在这里完成。下面对 KeyShot 项目面板中的场景、材质、相机、环境、照明、图像六大选项卡对话框中各个选项、参数和设置进行逐一讲解。

图 7-31　【项目】面板

7.3.1　【场景】选项卡

如图 7-32（a）所示，场景设置的树状结构为图层面板，常用操作：选择想要显示的图层之后，点击 S 键可将其余图层全部隐藏；点击单个图层前面的小眼睛来显示或隐藏图层，也可进行复制、删除、解除链接材质等操作。图 7-32（b）为模型移动工具，可以移动、旋转、缩放物体，也可将物体贴合地面。【场景】选项卡相当于物体模型的加工厂，可进行显示/隐藏、大小缩放、复制、圆边（图 7-33）等操作。

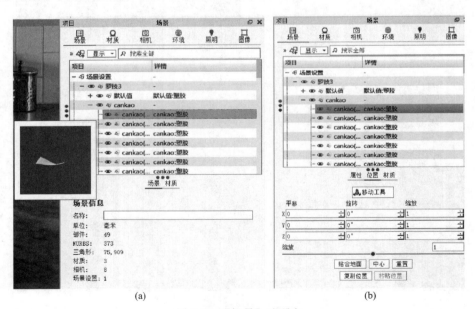

(a)　　　　　　　　　　　　(b)

图 7-32　【场景】选项卡

圆边操作：针对导入的模型边缘过于生硬，需要进行圆角处理时，可以选中物体，借助【场景】选项卡中的圆边工具调整半径和最小边缘角的值来完成，当然对于模型的调整，最好在 Rhino 软件中完成。

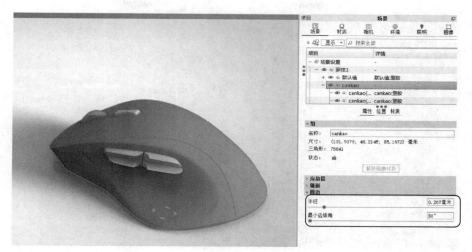

图 7-33　圆边操作

7.3.2　【材质】选项卡

双击物体可以查看物体所使用的材质，可以选择软件自带的材质，其每一种材质对应的模型样式跟其对应的属性都有所区别，根据每种材质对应的面板，快速在上方修改类型、属性、纹理和标签等值，见图 7-34。塑料材质如图 7-35 所示。

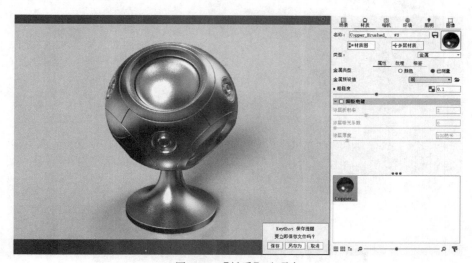

图 7-34　【材质】选项卡

漫反射体现的是模型本体颜色，绿色是高光颜色，但是当折射指数（折射指数指产品表面接受反光的次数，一般玻璃、珠宝等产品需要的数值比较高）过低时，高光会非常不明显。当折射指数为 1 时（高光最低为 1），将没有高光。

可以在纹理页里添加漫反射、高光、凹凸和不透明度（图 7-36）贴图来改变模型的表面纹理。另外标签页里可以添加一些照片或者视频来作为纹理，但是导入视频的话要在【动画】里才可以看到视频的播放（图 7-37）。标签页里添加的材质则会将原来的材质覆盖掉。

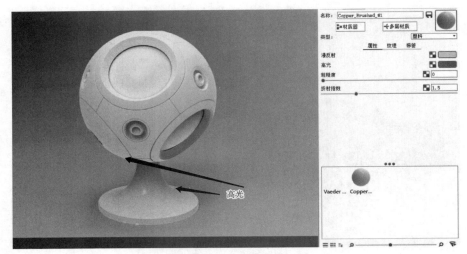

图 7-35　塑料材质

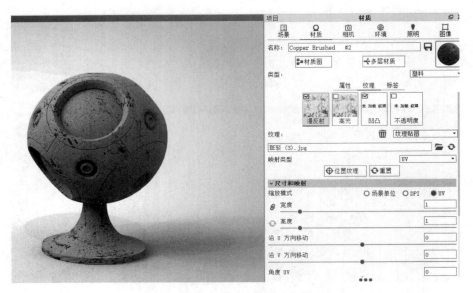

图 7-36　纹理参数面板

图 7-37　【动画】选项

7.3.3　【相机】选项卡

　　【相机】选项卡常用操作包括：新增相机、对显示的模型调节可视角度、透视、景深、调节焦点等。

（1）景深设置

　　勾选景深之后视角会变得模糊起来（图 7-38），这时候需要对摄像头重新聚焦。对焦距离就是镜头的聚焦点与模型的距离，一般只需要点击需要聚焦的模型表面，对焦距离就会自动调整，无须手动调整，就会使点击的表面附近清晰起来，如果感觉清晰的范围过小，可以通过修改光圈的大小来调整清晰的范围。光圈越大，清晰的范围越大，反之一样。然后我们点击"保存"来保存这一相机，如图 7-39。

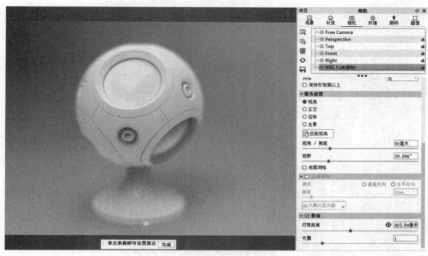

图 7-38　景深调节

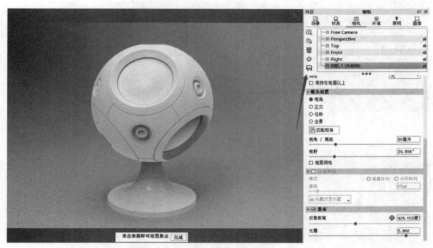

图 7-39　保存相机

（2）镜头设置

镜头设置（图 7-40）中的位移可以调整视角的位置，例如垂直位移变大，视角会水平上升。调整视野则会改变视角跟物体之间的距离（位移为视角的加强版）。匹配视角是为了可以更快地将模型调整到符合背景的透视，如图 7-41。

（3）焦点设置

点击设置相机焦点（图 7-42），可以以模型任意一个位置来作为相机的焦点；选择模型，则会以模型的中心作为相机的焦点；选择部件，可以以模型的一个零部件的中心当作相机的焦点。

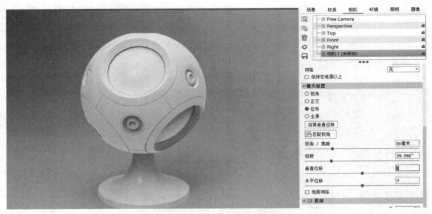

图 7-40　镜头设置

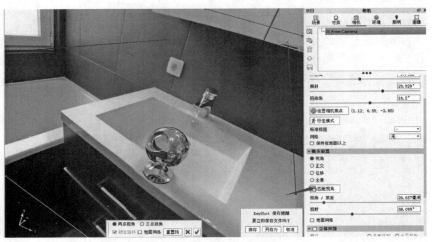

图 7-41　匹配视角

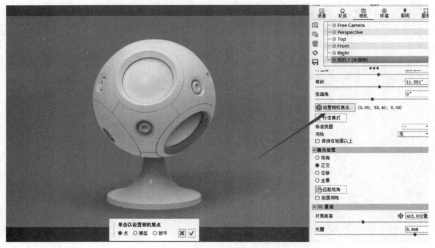

图 7-42　设置相机焦点

7.3.4 【环境】选项卡

这里环境可以理解为灯光，是由 HDR 环境贴图包裹的球体产生的模拟照明。将【库】面板中【环境】选项卡里的资源图片拖动到工作视图中（图 7-43），右侧环境面板出现如图 7-44 所示信息。

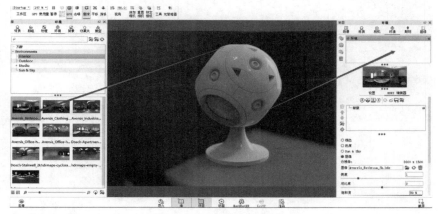

图 7-43　【环境】选项卡

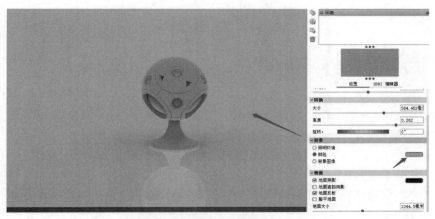

图 7-44　【环境】选项卡面板信息

"大小"可以调整背景在相机中呈现出的视野，"高度"是根据相机所在位置上下调整的一个圆形视角，"旋转"则是以相机所在位置为中心的水平旋转（与焦点旋转原理一致）。背景中如果选择颜色，那么我们所添加的背景则会被所选择的颜色所覆盖，但是不会影响模型反射出的光照环境图像的形状。而背景图像则是指我们可以在不影响反射的情况下再加入一个背景，如图 7-45。

红色箭头所指示的是地面阴影，黄色箭头所指示的是地面反射，若打开地面遮挡阴影后将出现环绕在物体周围的黑色阴影，但是这些一般用不上，如图 7-46。

7.3.5 【照明】选项卡

【照明】选项卡（图 7-47）的本质并不是灯光的设置，而是对渲染场景参数的调节，如反射次数等，决定模型最终的渲染效果。

图 7-45　【环境】选项卡加入背景图像

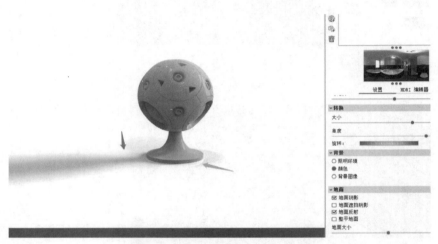

图 7-46　【环境】选项卡地面设置

图 7-47　【照明】选项卡

在性能模式下只能看到一些简单的光影效果，多为预览使用，因为性能模式无法渲染。较为常用的有产品与室内，基本预设值只是产品跟室内预设值的低配版。

在使用产品预设值的时候，需要把地面间接照明取消勾选，因为地面会反射一些高光，但一般用不到这些东西，所以取消掉。其他地方不需要调整，室内预设值也是这样。调整阴影质量会增加地面的划分数量，从而给地面阴影更多的细节。射线反弹是光纤在场景中反弹的总次数，对于渲染反射跟反射材质很重要，见图 7-48。

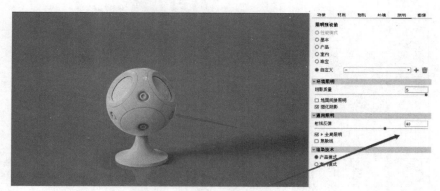

图 7-48　【照明】选项卡通用照明

全局照明，则是将模型整体照亮，焦散线会使折射材质产生光线焦射效果（珠宝多用此效果），如图 7-49。

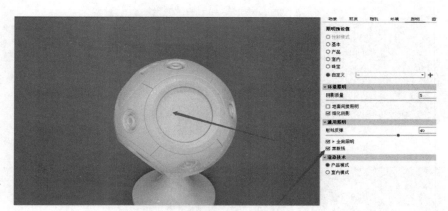

图 7-49　【照明】选项卡焦散线效果

7.3.6　【图像】选项卡

（1）调节

调节里面有曝光跟伽玛值两个参数。曝光可以改变环境跟模型的亮度，伽玛值类似对比度，但是伽玛值更为敏感，稍有不慎就会导致图片失真，如图 7-50。

（2）去噪

去噪用于减少图像中的颗粒状斑点和变色，同时最大限度地减少质量损失，如图 7-51。

（3）Bloom

Bloom 强度可以给自发光物体添加光晕，给画面增加整体柔和感。Bloom 半径可以控制光晕扩展的范围。如图 7-52。

图 7-50　【图像】选项卡调节选项

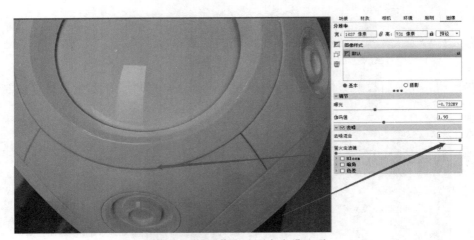

图 7-51　【图像】选项卡去噪选项

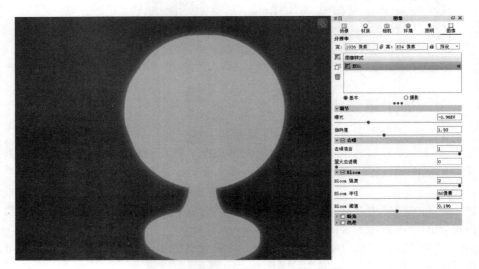

图 7-52　【图像】选项卡 Bloom 选项

（4）暗角

暗角强度可以使渲染对象周围产生阴影，使视觉焦点集中在三维模型上。暗角颜色可以设置暗角的颜色。如图 7-53。

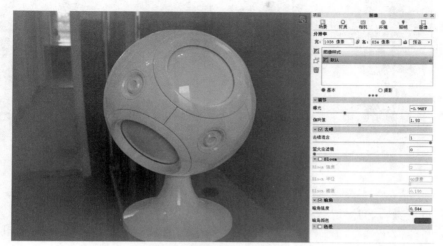

图 7-53　【图像】选项卡暗角选项

7.4　KeyShot 产品设计中常用材质的设置

7.4.1　金属材质

可以做出金属材质效果的有金属、各向异性、金属漆。金属中"已测量"可以做出更多金属材质。

（1）金属

① 属性。金属材质有两个参数可以控制，为颜色和粗糙度（图 7-54）。在粗糙度下面存在采样值可以控制。

颜色：通过右侧的方块进行颜色选择。纹理可以通过方块左侧的黑白方块进行控制，也可以进入到纹理页中进行控制，点击后会跳出一个文件夹页面，选择一个图片纹理进行添加，添加后渲染的模型表面就会有图片中的图案。可以进入到属性右边的纹理页中进行参数调整。

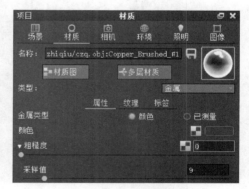

图 7-54　金属材质面板

粗糙度：也就是模型表面的光滑程度，最小值为 0，最大值为 1。粗糙度为 0 时的效果如图 7-55（a）所示。粗糙度为 1 时的效果如图 7-55（b）所示。

通过粗糙度数字左侧的黑白方块可以添加纹理贴图，也可以进入到纹理页进行调节。粗糙度的贴图，根据添加的贴图颜色的差异进行粗糙度的变化，黑色的地方会粗糙一些，白色的地方会光滑一些。要想使产品有一些粗糙和光滑变化的效果，可以在这个位置进行调整。

采样值：对最后的渲染图有一定的影响，采样值越大，渲染效果也会越好，对电脑的要求也会高一些。

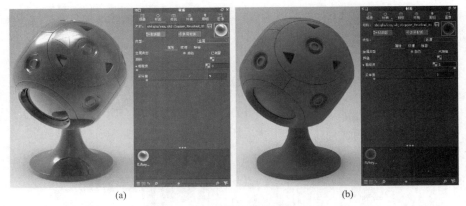

图 7-55　金属材质不同粗糙度效果

② 纹理。有三个参数：颜色、凹凸、不透明度［图 7-56(a)］。

颜色：可以做出图标效果，尺寸和映射可以调整纹理的宽度、高度、角度。

凹凸：可以做出具有凹凸效果的图标，在一些产品中会有应用。在凹凸中可以修改凹凸高度［图 7-56(b)］。

不透明度：可以做出透明的效果图案。

不透明度贴图模式有三个通道，分别为色彩、Alpha、反转颜色。移动纹理方块可以实现纹理的移动，映射类型可以修改不同的映射模型，有框、平面、圆柱形、球形、UV、相机、节点（图 7-57）。

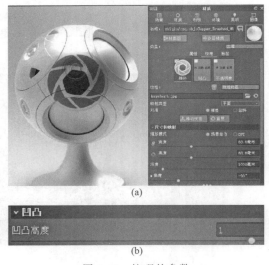

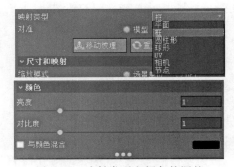

图 7-56　纹理的参数　　　　　　　图 7-57　映射类型和颜色的调整

尺寸和映射有调节纹理贴图的参数，通过这些参数可以调节贴图的大小、UV 方向、角度。颜色可以修改不透明贴图的不透明效果。

(2) 产品中常用金属材质及效果

a. 已测量。在已测量中可以看到有很多金属，可以在这里面选择想要的金属效果。例如：铝的阳极电镀效果，如图 7-58 右图所示。

b. 拉丝纹理效果。通过材质图做金属拉丝纹理效果，如图 7-59(a) 所示。

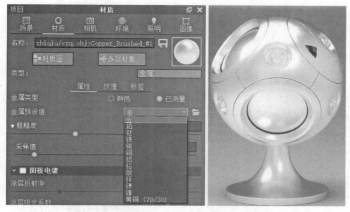

图 7-58　已测量选项下的阳极电镀效果

c. 噪点（碎形）凹凸。通过添加噪点到凹凸可以做出有凹凸不平感觉的金属效果，如图 7-59（b）所示。

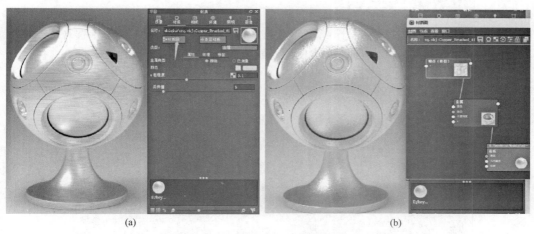

（a）　　　　　　　　　　　　　　　　（b）

图 7-59　拉丝纹理与噪点（碎形）凹凸效果

d. 噪点（纹理）粗糙度。通过将噪点（纹理）连接到凹凸，可以做出细腻的粗糙的金属表面，使渲染模型表面更有细节，如图 7-60。

e. 金属漆。金属漆材质不仅可以做出金属表面涂漆的效果，还可以做出塑料材质的效果。可以通过调节图 7-61 所示的这些参数来达到模仿现实金属漆的效果。

7.4.2　塑料材质

可以做出塑料材质效果的有塑料、塑料（模糊）、塑料（高级）。

（1）塑料

塑料材质下面有四个可调节的参数，分别为：漫反射、高光、粗糙度、折射指数。之前已有讲解，这里不再重复。

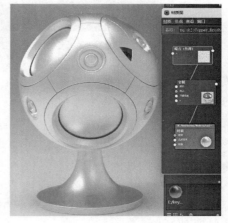

图 7-60　噪点（纹理）粗糙度

图 7-61　金属漆材质

（2）产品常用的塑料材质

① 普通塑料材质与磨砂塑料材质。

② 塑料（模糊）。当透明度为 0.01 的时候，就会体现出塑料的效果，修改透明度可以呈现不同的效果，透明度越大效果也就越类似玻璃。

③ 塑料（高级）。调节漫反射、高光、漫透射、高光传播，来实现不同的效果。塑料（高级）可以实现实心玻璃的效果。如图 7-62。

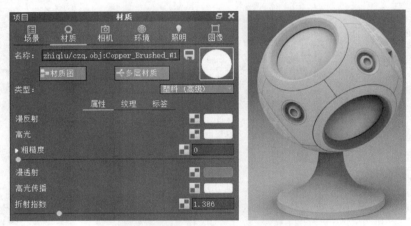

图 7-62　塑料（高级）材质调节面板

7.4.3　油漆材质

（1）属性

在油漆材质中有三个参数可以调节，分别为颜色、粗糙度、折射指数。在粗糙度下面有采样值可以调节。在 KeyShot 中油漆多用来做陶瓷效果。油漆做出的效果与塑料有些相似。油漆材质渲染图见图 7-63。

（2）纹理

油漆材质与金属材质纹理的参数相同，都是颜色、凹凸、不透明三个。用法与金属中纹理相同。

7.4.4　透明材质

透明材质包括半透明、玻璃、实心玻璃、半透明介质、塑料模糊、绝缘材质、高级、塑料高级。

（1）半透明

半透明材质有 7 个参数可以设置，分别为表面、次表面、半透明、纹理、高光、粗糙度，以及高级设置，高级设置中有折射指数和采样值两个参数可以调节。

（2）玻璃［**图 7-64（a）**］

需要调节的参数比较少，只有折射指数和折射。做透明材质玻璃还是比较简单的。

（3）实心玻璃［**图 7-64（b）**］

实心玻璃与玻璃的区别在于实心玻璃看起来有厚度感。实心玻璃可以做出玻璃的效果，也可以用实心玻璃做出花玻璃（半透明玻璃）的效果。可以用实心玻璃做玻璃杯。实心玻璃也可以做出屏幕的效果。

图 7-63　油漆材质渲染图

(a)　　　　　　　　　　　(b)

图 7-64　玻璃与实心玻璃材质

（4）半透明介质（图 7-65）

图 7-65　半透明介质

（5）高级（图 7-66）

高级材质可以做出很多其他材质的效果，同时高级材质的使用也是比较难的，需要操作者对高级有一定的理解。通过调节相应的参数可以实现不同的材质效果。

图 7-66　高级材质效果

7.5　KeyShot 渲染中的灯光

7.5.1　布光基础与原则

布光的主要目的是表现产品的视觉效果，所以布光在渲染中起着相当重要的作用。

① 按光线的作用灯光可分为：主光、辅光、背景光、轮廓光、装饰光、效果光等。

a. 主光：担负画面主要照明的灯光。

b. 辅光：减弱主光造成的明显阴影，以增加主光照不到位置的画面层次与细节，减小阴影密度。

c. 背景光：主要是照明物体周围环境及背景的光线，用它可调整物体周围的环境及背景影调，加强场景内的气氛。

d. 轮廓光：轮廓光起勾画物体轮廓的作用。

e. 装饰光：在其他光种（主光、辅光、轮廓光、背景光）达不到的地方，细部加强亮度，表现质感和轮廓。

f. 效果光：能够造成某种特殊光效的光线。

② 布光方法主要有顶光天幕法、双灯平光法和逆光轮廓法。

a. 顶光天幕法：将多个灯放在产品的斜上方，直照在反光板上再反射到产品，使效果光线更均匀。顶光效果如图 7-67。

图 7-67　顶光效果

b. 双灯平光法：两种柔光对称放在产品左右前方，清除正面的反光，能更好体现出金属材质的特点。双灯平光效果如图 7-68。

图 7-68　双灯平光效果

c. 逆光轮廓法：给物体营造轮廓光的效果，光源从产品后方照射，形成逆光，使产品轮廓更加突出。暗线条使用亮背景，逆光照明；亮线条使用暗背景，使用侧逆光或者顶光照明。适合玻璃材质或是需要凸显轮廓的产品。逆光轮廓光照效果见图 7-69。

图 7-69　逆光轮廓光照效果

③ 布光基础。

a. 主体的侧面照明：使用侧面照明可以让主体有立体感和质感，同时还可以突出主体的轮廓和细节。

b. 背景照明：使用背景照明可以让背景更加明亮、有层次感，同时还可以突出主体。

c. 均匀照明：使用均匀照明可以让整个场景看起来更加平衡，同时还可以消除阴影，使得画面更加明亮。

d. 高光和阴影：使用高光和阴影可以突出主体的轮廓和形状，同时还可以创造出某种特殊的氛围。

e. 柔和照明：使用柔和照明可以让画面看起来更加柔和和自然，同时还可以消除过强的反光和阴影，使得画面更加平衡。

④ 布光法则。在进行布光时，有一些布光法则可以帮助我们更好地掌握布光的技巧和方法。以下是一些常见的布光法则：

a. 三点照明法则：这是一种最基本和常用的布光法则，它使用三个灯光：主灯、补光灯和背景灯。主灯放在主体的前方，用于照亮主体；补光灯放在主灯的侧面或者后方，用于补充主灯的照明，同时还可以增强主体的质感；背景灯放在主体后面，用于照亮背景，使其更加明亮。

b. 反光板法则：反光板是一种常用的辅助工具，可以用来反射光线，增加光线的亮度和柔和度。在进行布光时，可以使用反光板来补充主灯和补光灯的光线，同时还可以消除一些不必要的阴影。

　　c. 比例法则：在进行布光时，需要注意不同灯光的强度比例。通常情况下，主灯的强度应该比补光灯和背景灯强，这样可以突出主体的轮廓和细节。同时，补光灯和背景灯的强度也需要根据具体情况来调整，以达到最佳的拍摄效果。

　　d. 方向法则：在布光时，需要根据主体的方向和要表达的情感来确定灯光的方向。通常情况下，使用侧面照明可以突出主体的立体感和质感，使用背景照明可以突出主体。

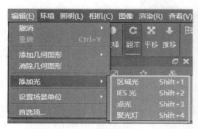

图 7-70　添加区域光

　　e. 色温法则：色温是指灯光的颜色，不同的灯光有不同的色温，包括暖色调和冷色调。在进行布光时，需要根据场景的氛围和要表达的情感来选择合适的色温。例如，使用暖色调可以营造温馨和浪漫的氛围，而使用冷色调则可以营造清新和寒冷的氛围。

　　⑤ 在环境中添加光。

　　a. 区域光：在区域内创建一个新的灯光。可通过箭头平移、旋转和缩放灯光，还可调整数值以调整灯光位置及大小，如图 7-70。

　　b. IES 光：可通过调整倍增器调节光的强度，如图 7-71。

　　c. 点光：创建一个以点为中心的光源。可通过电源、半径调整光源强度及大小，如图 7-72。

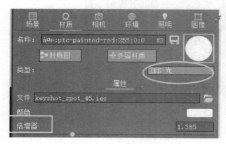

图 7-71　添加 IES 光

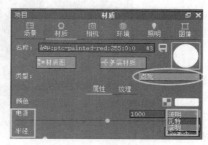

图 7-72　添加点光

　　d. 聚光灯：向有限的方向发射光，形成聚光光照效果，如图 7-73。

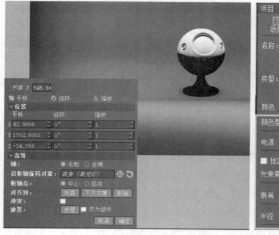

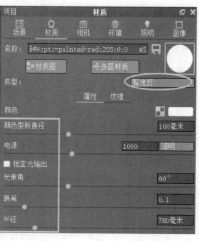

图 7-73　添加聚光灯

7.5.2　HDRI 编辑器

在右侧【项目】窗口，选择【环境】选项面板，在面板中选择【HDRI 编辑器】选项卡就可以对该环境进行编辑。

① ⬇️（添加帧）：点击后图层面板就会出来一个帧，在环境预览窗口可看到新增的光源，按住鼠标左键可随意调动光源位置，按住 Ctrl＋鼠标左键添加高亮显示。可根据不同需求调节光源形状、半径、颜色、亮度、角度等。如图 7-74。

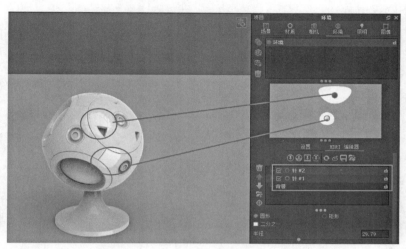

图 7-74　添加帧

- 光源形状：圆形、矩形、二分之一光源形状的调节，如图 7-75。

图 7-75　光源形状的调节

- 半径/大小：光源的范围大小。
- 颜色：可在色板选取光源颜色。
- 亮度：调节光源亮度大小。
- 衰减/衰减模式：调节光源边缘柔和度。
- 方位角：光源水平移动。
- 仰角：光源垂直移动。

② 🔆（添加倾斜光源）：可调节光源渐变颜色、角度、亮度、饱和度、混合模式、衰减模式及位置的变化。

- 颜色：在颜色条单击滴管圆圈以选择色标，然后使用色板选择颜色，可拖动小三角形来控制混合过程，如图 7-76。
- 🔲（增加光圈）：添加一个新的光圈，调整颜色。

图 7-76　颜色调节

- 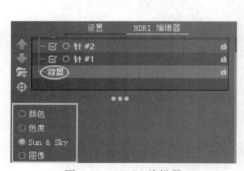（增加不透明光圈）：添加一个新的不透明光圈，调整不透明度。
- （删除光圈）：单击图标删除所选光圈。

③ HDRI 编辑器背景有四个选项：颜色、色度、Sun＆Sky 以及图像（图 7-77）。

a. 颜色。选择纯色作为环境的背景。这不应与纯色背景色的设置（可以在环境设置或摄影图像样式中设置）混淆，因为它会影响场景中的照明。

b. 色度。在颜色条单击滴管圆圈以选择色标，然后使用色板选择颜色，可拖动小三角形来控制混合过程。

c. Sun＆Sky（图 7-78）。

图 7-77　HDRI 编辑器

图 7-78　Sun＆Sky 设置

分辨率：设置将生成太阳和天空的分辨率。分辨率越小，性能越好，但分辨率越大，阴影和反射质量越好。

位置：可选择自定义城市，来精确描绘位置的太阳和季节。

坐标：自定义输入位置的地理坐标。

日期：使用此选项可将日期设置为场景发生的日期，以准确描绘季节的色温。

自定义太阳位置：通过调整，能够设置太阳的确切位置。

时间：使用此选项可设置场景发生的时间，以便正确放置太阳。

混浊：可为天空添加更多雾霾。

太阳尺寸：可调整太阳大小。

地面颜色：在背景上设置地面颜色。

颜色（图 7-79）：

- 亮度：调整太阳和天空背景的亮度。
- 对比度：调整环境的对比度。
- 饱和度：调整环境的饱和度。
- 色调：调整环境的色调。
- 着色：添加将与之混合环境的颜色。

模糊：调整环境背景的模糊程度，以柔化轮廓。

转换（图 7-80）：

- 倾斜：将倾斜环境的垂直轴。
- 旋转：旋转环境。

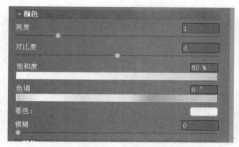

图 7-79　颜色设置

图 7-80　转换设置

7.6　渲染设置

在 KeyShot 中除了截屏保存渲染好的图像外，一般通过【渲染设置】选项对渲染好的图像进行输出保存，在【渲染】对话框中可以对输出图像的格式和质量的参数进行设置。

（1）【输出】选项面板

在这个面板中，可以对输出的图像的名称、保存路径、分辨率、打印大小等进行更改，见图 7-81。

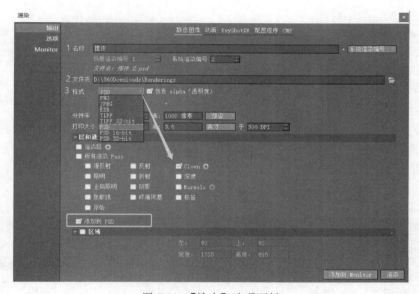

图 7-81　【输出】选项面板

1—文件的名称；2—文件保存路径；3—文件保存类型，有 PNG、JPEG、EXR、TIFF、PSD
等格式，常用的是 JPEG、TIFF、PSD 格式

注意： 当后期还需要对图像进行修改时，需要选择保存文件格式为 PSD，要将【层和通道】选项中的【Clown】勾选上，并将【添加到 PSD】也勾选上。

点击渲染出现图 7-82 所示面板，在左上角会显示渲染的大概进度。

当渲染结束后，出现绿色对勾。

在文件保存路径中打开渲染好的图像，其由色块组成，使用魔棒工具可以对图像进行快速地抠图，若想分块更细致，这就需要在前期建模的时候对物体进行模块化处理。

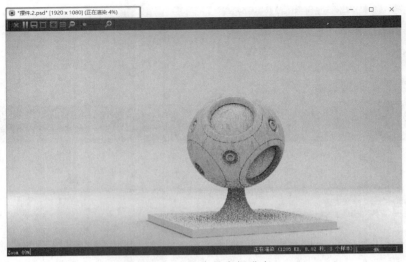

图 7-82　渲染的大概进度

（2）选项面板

在这个面板中，可以对渲染的图像的渲染模式和渲染质量参数进行更改，见图 7-83。

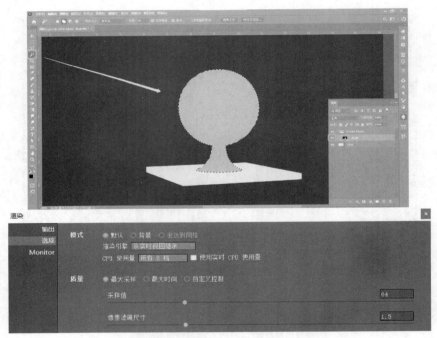

图 7-83　选项面板

KeyShot 提供了【最大采样】、【最大时间】、【自定义控制】三种质量模式。

【最大采样】：控制计算和优化图像或动画帧的次数。每个额外的样本将进一步消除图像中的噪点或颗粒。图像质量由此处输出的采样值以及照明选项卡中的设置决定。如图 7-84。

【最大时间】：在此可以设置想要渲染的时间，将根据设置的时间逐步优化渲染。图像质量由此处输出的时间值以及照明选项卡中的设置决定。当渲染动画时，可以设置每个帧的最大渲染时间，也可以设置整个动画的总渲染时间。如图 7-85。

图 7-84　最大采样

图 7-85　最大时间

【自定义控制】：可以对多种参数进行更改，通常在高噪点或阴影区域产生更平滑的结果，见图 7-86。

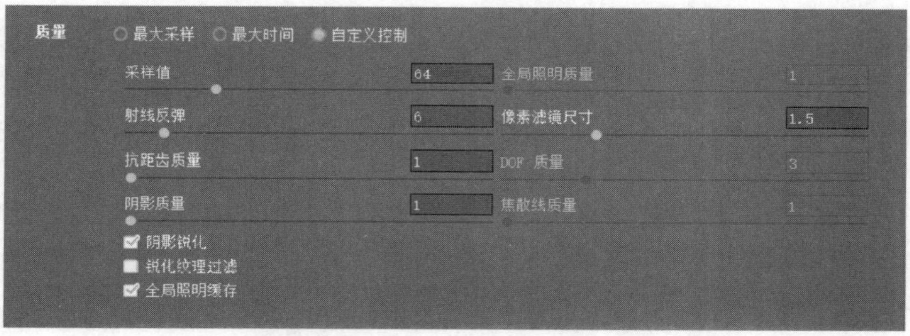

图 7-86　自定义控制

自定义控制选项下的参数说明如下：

【采样值】：按像素计算的射线量，用于确定其最终外观和平滑度。通常设置为 30 就可以了，塑料一般设置为 40，对于透明的或玻璃的材质就需要设置为较高的采样值；也可以根据电脑的配置来适量调高采样值，设置的采样值越高，渲染效果越好，但所需渲染的时间就越长。

【射线反弹】：光通过场景时被反射和折射的最大次数，可以调整特定渲染的光线反射量，而不会影响常规设置。

【抗锯齿质量】：高对比度过渡之间锯齿形像素边缘的平滑度质量。

【阴影质量】：地面和对象之间的阴影质量，提高阴影质量会显著增加渲染时间。此设置对明亮的漫射材质（例如白色塑料）效果最大。

【全局照明质量】：3D 几何图形之间的间接光线反弹质量。

【像素滤镜尺寸】：应用于图像的模糊水平。值为 1 表示不应用任何像素模糊。增加该值将有助于防止锯齿和降低锐度。默认值 1.5 与用户在实时视图中看到的效果相匹配。该选项不影响渲染时间。

【DOF 质量】：相机景深质量，一般设置为 3～5。

【焦散线质量】：曲面或曲面对象反射或折射的聚光投影质量，最大输入值为 50，提高焦散线质量会大大消耗内存。

习题

一、填空题

1. KeyShot 的默认导出文件为_____。

2. HDRI 通常以全景图的形式存储，全景图指的是包含了 360°范围场景的图像，全景图的形式可以是多样的，包括_____形式、_____形式、镜像球形式等。

3. 创建凹凸映射有两种不同的方法：第一种就是采用_____图像，第二种方式是通过_____。

4.【不透明度】贴图模式可以使用黑白图像或带有_____通道的图像来使材质的某些区域透明。

二、判断题

1. 反射材质的特征主要用于表现材质的固有颜色。（　　　）

2. KeyShot 的贴图类型有色彩贴图、反射贴图、凹凸贴图、法线贴图、不透明贴图。（　　　）

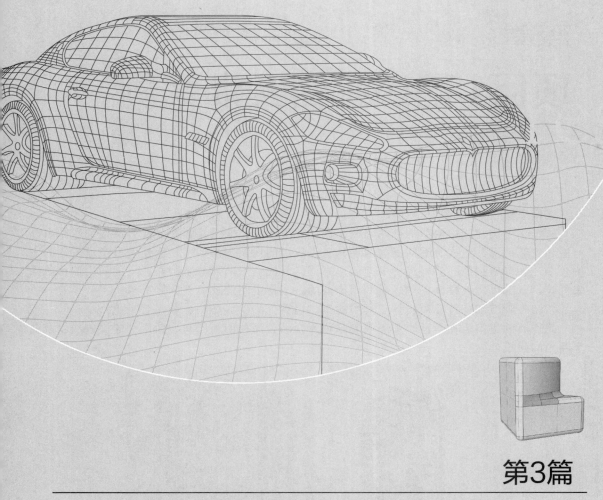

第3篇

实操与考证（Rhino）

Rhino

第8章

项目1 初级综合实训案例

建模思路：

本案例中构建三维模型的产品为呼叫器，效果图及尺寸图如图 8-1 所示。整个产品由呼叫器和支架两部分组成。呼叫器为两端具有收敛点的规整圆润形态，创建该形态可采用的方法较多，如双轨扫掠、放样等。支架的形态可以分成上下两部分来制作，上部采用偏移曲面来创建，下部采用放样来创建，再利用修剪的方式将中间的缺口部分修剪掉。

按钮等细节部分可使用实体工具中的布尔运算分割、线切割、圆角等完成。

此产品的建模重在考量对于表面光顺程度要求较高的四周圆润型曲面的建模方法以及曲率圆角的建模理念。

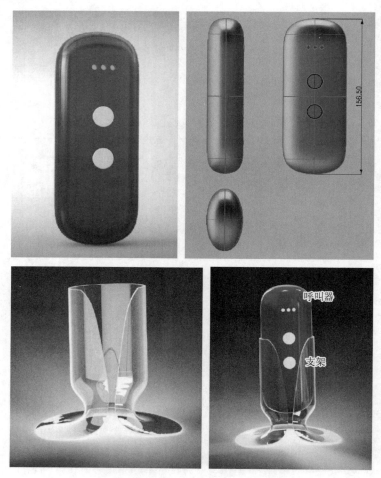

图 8-1

8.1 呼叫器主体造型创建

① 在【Front】视图中导入呼叫器的前视图作为参考图片，使用 【_Line 单一直线】工具绘制长 156.5mm 的垂直线，调整参考图片使其与直线的尺寸大小相对应，在【材质】面板里赋予参考图片"图像"材质，调节透明度，让参考图不影响模型的创建，如图 8-2。

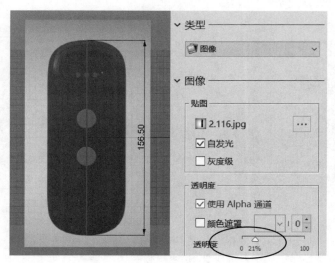

图 8-2

② 在【Front】视图中，使用 【Line_BothSides 直线：中点】工具，捕捉中线上下中心点位置，绘制水平参考线，捕捉水平参考线的两个端点，绘制左右边线中的一条，使用 【_Mirror 镜像】工具创建另外一条边线，如图 8-3。

③ 在【Front】视图中，使用 【_BlendCrv 可调式混接曲线】工具混接端部的曲线，调整控制点使曲线与参考图对应，如图 8-4。

✏ 注意： 按下 Shift 键，调节控制点时左右会同时调节，以确保曲线调节时的左右对称性。

④ 在【Front】视图中，使用 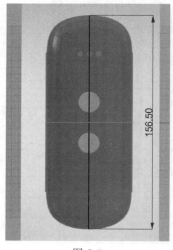【_Split 分割】工具从中点将曲线分成两段，如图 8-5。

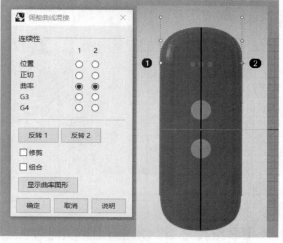

图 8-3　　　　　　　　　　　　　　　　　　　　图 8-4

⑤ 在【Top】视图中，导入顶视图参考图片，调整参考图片使其与直线的尺寸大小相对应，且投影线在图片中间居中，在【材质】面板里赋予参考图片"图像"材质，调节透明度，让参考图不影响模型的创建，如图 8-6。

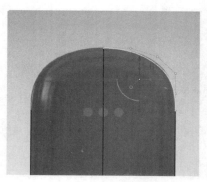
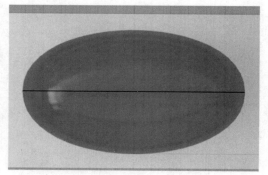

图 8-5　　　　　　　　　　　　　　　　　　　　图 8-6

⑥ 在【Top】视图中，使用 【_Circle 圆：可塑形的】绘制界面曲线，打开 【_Curve 控制点曲线】工具，调整曲线使其与参考图边界匹配，如图 8-7。

✏️ **注意：** 之前章节中讲过，直接绘制的圆形属于 2 阶曲线，可编辑性和光顺性都较差，因此需要用【_Circle 圆：可塑形的】工具绘制成 5 阶曲线。

⑦ 在【Perspective】视图中，使用 【_Sweep2 双轨扫掠】工具，选择边缘线和截面线，制作模型中间和顶部曲面。使用 【_Mirror 镜像】工具创建另外一端的曲面，完成呼叫器主体的创建，如图 8-8。

⑧ 在【Perspective】视图中，将所有曲面组合后使用 【_Zebra 斑马纹分析】工具，查看图形是否符合标准，如图 8-9。

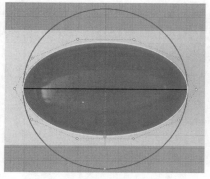

图 8-7

图 8-8

图 8-9

8.2　呼叫器细节处理

　　① 在【Front】视图中，使用 ⊙【_Circle 圆】工具，在参考图按钮和小孔对应位置画一个大圆和一个小圆，再使用 ⊞【_Copy 复制】和 ⚞【_Mirror 镜像】工具创建其他的圆，如图 8-10。

　　② 在【Perspective】视图中，使用 ▣【_ExtrudeCrv 挤出封闭的平面曲线】工具，挤出按钮位置的两个曲面，曲面端部深入呼叫器主体曲面 2mm，如图 8-11。

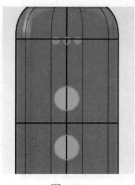

图 8-10

图 8-11

③ 在【Perspective】视图中，使用 【_BooleanSplit 布尔运算分割】工具，将主体曲面在按钮处分割成两个实体，使用 【_BlendEdge 不等距边缘混接】工具，将曲面倒角，使得按钮部分与主体曲面边界清晰，更有层次感，如图 8-12。

④ 在【Perspective】视图中，使用 【_WireCut 线切割】工具，在主体曲面上切割出 3 个小孔，如图 8-13。

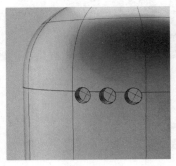

图 8-12　　　　　　　　　　　图 8-13

注意： 为使 3 个小孔的切割深度保持一致，需在确定切割深度时，转到侧视图选择同一深度参考线。

⑤ 完成呼叫器的主体和细节建模处理，如图 8-14。

8.3　支架主体模型创建

① 在【Right】视图中，导入产品的右视图参考图片，将之前做好的未做细节处理的呼叫器主体模型顺时针旋转 10°，调整参考图片使其与模型的尺寸大小相对应，在【材质】面板里赋予参考图片"图像"材质，调节参考图片的透明度，让参考图不影响模型的创建，如图 8-15。

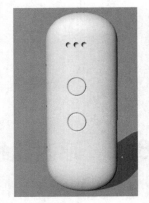

图 8-14

② 在【Right】视图中，使用 【_ExtractIsoCurve 抽离结构线】命令将线抽离出，按下 Shift 键参照参考图缩放抽离的结构线到合适的大小，复制出下端的另一条曲线，如图 8-16。

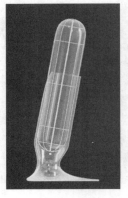

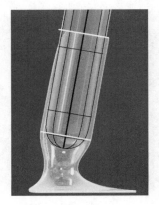

图 8-15　　　　　　　　　　　图 8-16

③ 在【Right】视图中，使用 ⊞【_Copy 复制】工具复制出底部的曲线，将曲线旋转到水平方向，如图 8-17。

✎ **注意：** 绘制曲线时，采用【_Copy 复制】工具的目的是保证曲线的属性一致，易于产生最简面，便于后续通过控制点调节曲面的形状。

④ 在【Top】视图中，打开 ◯【_Curve 控制点曲线】工具，调整曲线使其与参考图支架底边的边界匹配，如图 8-18。

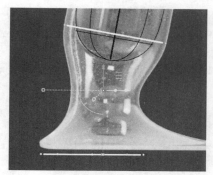
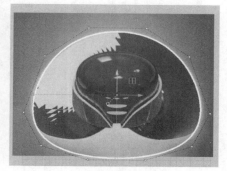

图 8-17　　　　　　　　　　　　　　　图 8-18

⑤ 在【Right】视图中，使用 ⊞【_Copy 复制】工具复制出底部较细部位的曲线，将曲线旋转到水平方向，如图 8-19。

⑥ 在【Top】视图中，打开 ◯【_Curve 控制点曲线】工具，调整曲线使其与参考图对应位置匹配，如图 8-20。

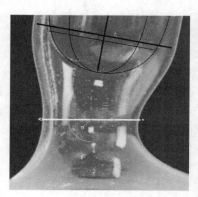
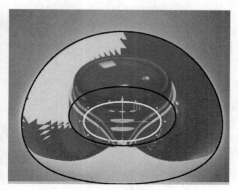

图 8-19　　　　　　　　　　　　　　　图 8-20

⑦ 在【Perspective】视图中，使用 🔷【_Loft 放样】工具，创建支架上部和下部曲面，如图 8-21。

✎ **注意：** 先创建上部曲面，创建下部曲面时，选择上部曲面的下边缘而不要选择曲线，这样在放样下部曲面时，方能激活"与起始端边缘相切"选项，确保上下曲面间的相切连续。

⑧ 在【Front】视图中导入产品的前视图参考图片，调整参考图片使其与模型的尺寸大小相对应，在【材质】面板里赋予参考图片"图像"材质，调节参考图片的透明度，让参考图不影响模型的创建，如图 8-22。

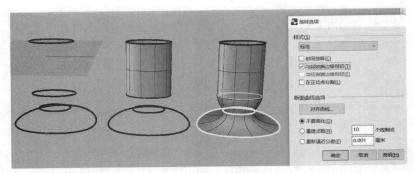

图 8-21

⑨ 在【Front】视图中，使用 ⬡【_Curve 控制点曲线】工具将修剪用的轮廓线画出，如图 8-23。

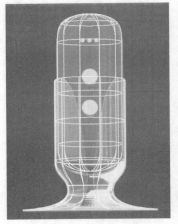

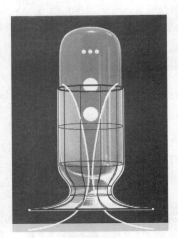

图 8-22　　　　　　　　　　　　　　　　图 8-23

⑩ 在【Perspective】视图中，沿着轴线移动曲线，同时按下 Ctrl 键快速挤出修剪用的曲面，调整曲面下部的控制点，查看曲面交线的形状，得到理想的修剪用曲面，如图 8-24。

⑪ 在【Perspective】视图中，使用 ⬡【_Trim 修剪】工具将支架中间部分不需要的面修剪掉，完成支架主体模型创建，如图 8-25。

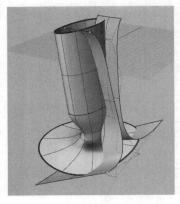

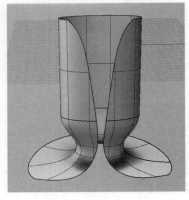

图 8-24　　　　　　　　　　　　　　　　图 8-25

8.4　支架细节处理

① 在【Perspective】视图中，使用 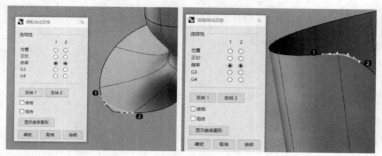【_BlendCrv 可调式混接曲线】工具在支架底部以及顶部尖角处用平滑曲线连接处理，如图 8-26。

图 8-26

② 使用 【_ExtrudeCrv 挤出封闭的平面曲线】工具，将混接的曲线挤出成面，将支架底部和顶部尖角部分修剪掉，如图 8-27。

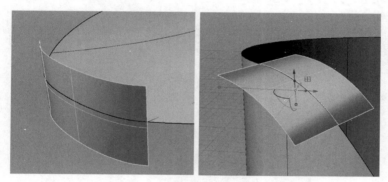

图 8-27

③ 使用 【_Mirror 镜像】工具镜像出另一半支架主体曲面，如图 8-28。

④ 将曲面进行组合，使用 【_OffsetSrf 偏移曲面】工具将曲面向外偏移 1.5mm，选择偏移"实体＝是"选项，创建出具有厚度的支架实体，如图 8-29。

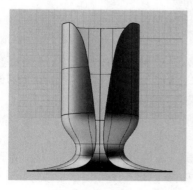

图 8-28

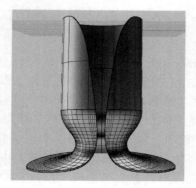

图 8-29

⑤ 在【Perspective】视图中，使用 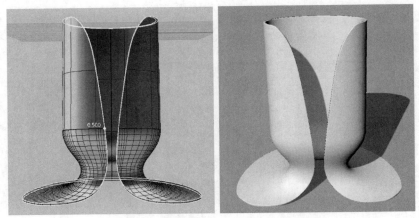【_BlendEdge 不等距边缘混接】工具，将曲面进行半径为 0.5mm 的圆角处理，如图 8-30。

图 8-30

8.5　KeyShot 渲染

① 在 Rhino 软件中按照不同的材质将产品不同部分分好图层，以便在 KeyShot 软件中赋予材质，如图 8-31。

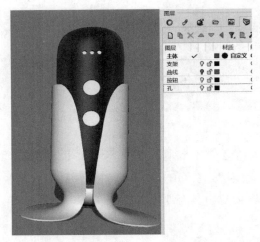

图 8-31

② 打开 KeyShot 软件，导入模型文件，导入时选择 Z 轴向上，从【项目】面板的【环境】选项里选择一张室内 HDR 贴图拖到工作界面中，在【项目】面板的【图像】选项里将背景设为黑色，能更好地渲染出透明材质的效果，如图 8-32、图 8-33。

③ 呼叫器主体和按钮采用"塑料"材质，孔部分采用"自发光"材质，在【项目】面板的【材质】选项里调节各项参数，如图 8-34～图 8-37。

④ 支架部分为透明度相对较高的塑料材质，采用"塑料（模糊）"材质来表现，在【项目】面板的【材质】选项里调节各项参数，如图 8-38、图 8-39。

最终效果图如图 8-40。

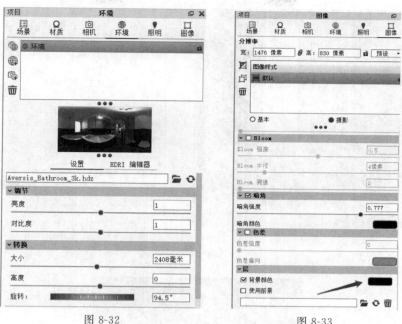

图 8-32　　　　　　　　　　　　　　　　　　　图 8-33

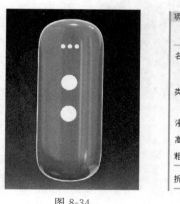

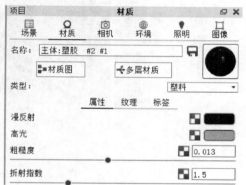

图 8-34　　　　　　　　　　　　　　　　　　　图 8-35

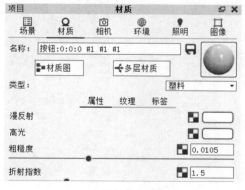

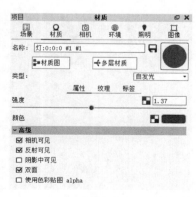

图 8-36　　　　　　　　　　　　　　　　　　　图 8-37

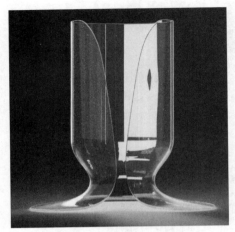

图 8-38

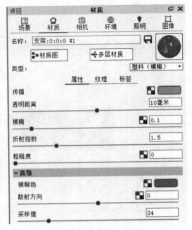

图 8-39

图 8-40

第9章

项目2 中级综合实训案例

建模思路：

整个产品可以先分成椭球形主体和底部支撑两大块，然后再进行主体部分的镂空、切口、按钮、屏幕及小空洞的处理，其核心部分的建模思路如图 9-1 所示。

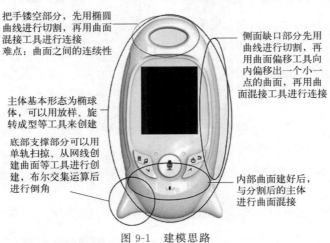

图 9-1　建模思路

9.1　婴儿监护器主体轮廓线的绘制

① 在【Front】视图中，导入参考图片，使用 ⬚【Line_BothSides 直线：中点】工具，捕捉 0 点位置，绘制图像参考线（辅助线），如图 9-2。

② 在【Front】视图中，使用 ⬚【_Rectangle 矩形：圆角矩形】工具，以参考线为基准，绘制圆角矩形，如图 9-3。

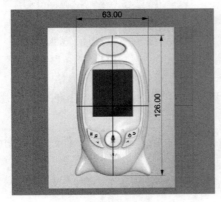

图 9-2

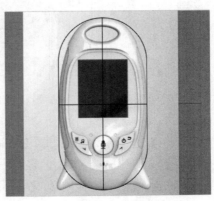

图 9-3

③ 在【Front】视图中，使用 🔧【_PointsOn 显示物件控制点】工具和 ⋀【Line_Poly-line 直线：多重曲线】工具，绘制辅助线，如图 9-4。

④ 在【Front】视图中，使用 ◌【_Curve 控制点曲线】工具，将除四顶点外的点连起来，得到一个封闭曲线，如图 9-5。

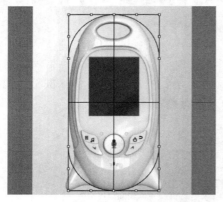
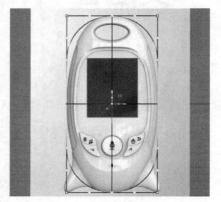

图 9-4　　　　　　　　　　　　　　　　图 9-5

⑤ 在【Front】视图中，使用 🔧【_PointsOn 显示物件控制点】工具，将封闭曲线绘制成与图像主体相似的图形，如图 9-6。

✏️ **注意**：　封闭曲线的所有控制点要在同一个平面内。如果没有，就用 ⊞【_SetPt 设置 XYZ 坐标】工具，选择"设置 Y"。

⑥ 在【Right】视图中，将前五步再做一遍得到一个封闭曲线，如图 9-7。

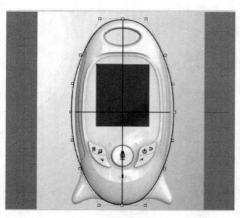
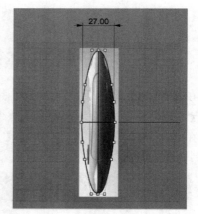

图 9-6　　　　　　　　　　　　　　　　图 9-7

✏️ **注意**：　封闭曲线的所有控制点要在同一个平面内。如果没有，就用 ⊞【_SetPt 设置 XYZ 坐标】工具，选择"设置 X"。

⑦ 在【Right】视图中，使用 ↗【Line_BothSides 直线：中点】工具，绘制图像参考线；再使用 ⊥【_Split 分割】工具，将曲线分割开。如图 9-8。

⑧ 在【Right】视图中，使用 🔧【_PointsOn 显示物件控制点】工具，将曲线与另一个封闭曲线连接，如图 9-9。

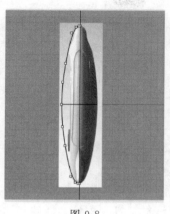

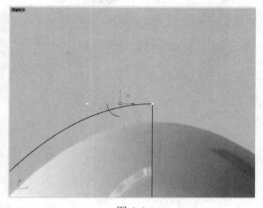

图 9-8　　　　　　　　　　　　　　　　图 9-9

注意： 上下都要连接，以确保曲线的连续性。

9.2　婴儿监护器主体形态制作

① 在【Perspective】视图中，使用 🔦【_RailRevolve 沿着路径旋转】工具，捕捉两条曲线，轴为中间辅助线，如图 9-10。

注意： 先选半边曲线为轮廓曲线。

② 在【Perspective】视图中，使用 ⬚【_Mirror 镜像】工具，关于 X 轴对称得到图形。组合以后可使用 ▨【_Zebra 斑马纹分析】工具，查看图形是否符合标准。如图 9-11。

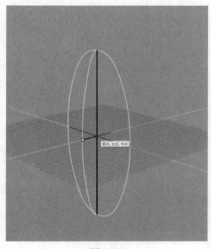

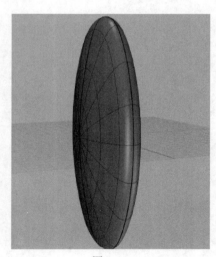

图 9-10　　　　　　　　　　　　　　图 9-11

③ 在【Front】视图中，使用 ⬚【_Curve 控制点曲线】工具，根据参考图，画出两条曲线，如图 9-12。

④ 在【Front】视图中，使用 ⬚【_BlendCrv 可调式混接曲线】工具，将两条曲线连接起来并将其调成和参考图相似的曲线，如图 9-13。

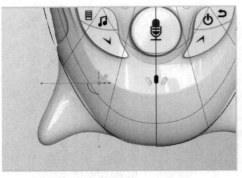

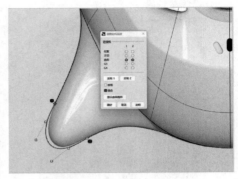

图 9-12

图 9-13

⑤ 在【Front】视图中，使用【_Polyline 多重直线】工具，连接两曲线终点和中点，如图 9-14。

⑥ 在【Right】视图中，使用 ⊥ 【_Split 分割】工具，用中线分割曲线，如图 9-15。

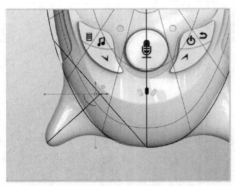

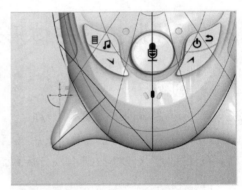

图 9-14

图 9-15

⑦ 在【Front】视图中，使用 🦮 【_Rebuild 重建曲线】工具，将两条曲线重建成 6 点 5 阶的曲线，如图 9-16。

⑧ 在【Front】视图中，使用 ⩘ 【_ Match 衔接曲线】工具，选择相切和曲率，如图 9-17。

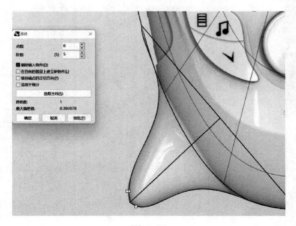

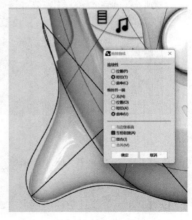

图 9-16

图 9-17

✎ **注意：** 衔接曲线的连续性选择看曲线的轮廓。

⑨ 在【Front】视图中，使用 ⟳【_Curve 控制点曲线】工具，将曲线按照参考图绘制。

✎ **注意：** 顶部的三个点必须在一条直线上，如图 9-18。

⑩ 在【Perspective】视图中，使用 ⟐【_NetworkSrf 以网线建立曲面】工具，建立曲面，如图 9-19。

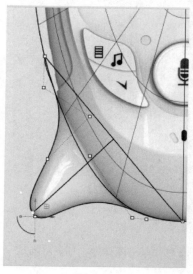

图 9-18

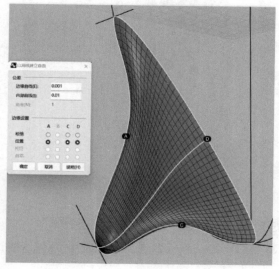

图 9-19

✎ **注意：** 选择的线是 4 个而不是 3 个。

⑪ 在【Perspective】视图中，使用 ⟐【_Rebuild 重建曲面】工具，点数 U（6）V（6），阶数 U（3）V（3）重建曲面精简结构线和控制点以便于曲面形态的调控，如图 9-20。

⑫ 在【Front】视图中，使用 ⟐【_PointsOn 显示物件控制点】工具，将曲面调整到与参考图相似，如图 9-21。

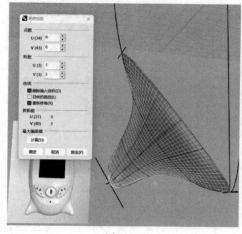

图 9-20

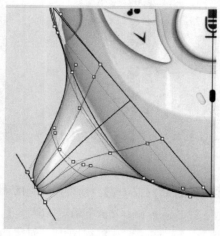

图 9-21

⑬ 在【Right】视图中，使用操作轴将曲面调整到与参考图相似，如图 9-22。

⑭ 在【Perspective】视图中，使用 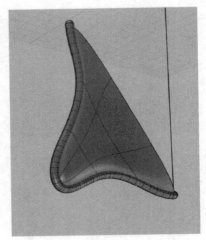【_Pipe 圆管】工具，在曲面中间放一条直径为 1mm 的圆管，如图 9-23。

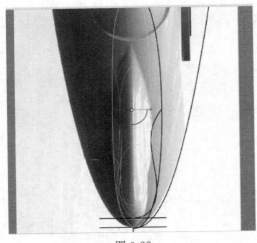

图 9-22

图 9-23

注意： 选择轨迹时要选上"连锁边缘"。

⑮ 在【Perspective】视图中，使用 【_Split 分割】工具，将曲面中间分割成一个空间，如图 9-24。

⑯ 在【Perspective】视图中，使用 【_BlendSrf 曲面混接】工具，将中间的间隙补上，如图 9-25。

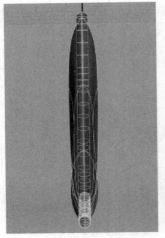

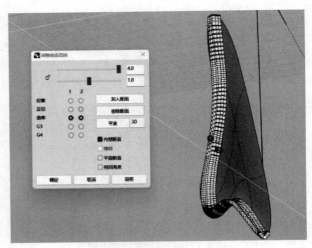

图 9-24

图 9-25

⑰ 在【Perspective】视图中，使用 【_Join 组合】工具，将其组合成半封闭曲面，再使用 【_BooleanUnion 布尔运算联集】工具，与主体联集，如图 9-26。

⑱ 在【Perspective】视图中，使用 【_BlendEdge 不等距边缘混接】工具进行圆角处理，圆角半径为 1，如图 9-27。

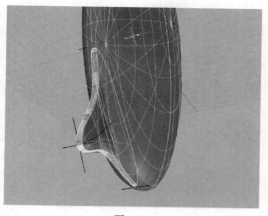

图 9-26   图 9-27

注意： 要将交线部分全选，否则会出现破面或者缝隙。

⑲ 在【Front】视图中，使用 ✏【Line_BothSides 直线：中点】工具，捕捉 0 点位置，绘制图像参考线；再使用 ⏚【_Split 分割】工具，将右边曲面修剪掉。如图 9-28。

⑳ 在【Front】视图中，使用 ⚏【_Mirror 镜像】工具，关于 X 轴对称得到曲面，如图 9-29。将所有曲面组合以后可使用 ▨【_Zebra 斑马纹分析】工具，查看曲面的连续性是否符合标准。

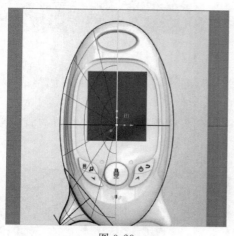

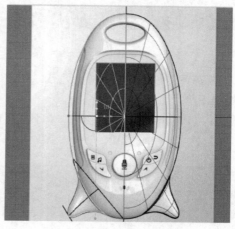

图 9-28   图 9-29

9.3 婴儿监护器细节处理

① 在【Front】视图中，使用 ⊕【_Ellipse 椭圆：从中心点】工具，在辅助线上画一个椭圆，椭圆要比参考图的大一些。如图 9-30。

② 在【Front】视图中，使用 ⏚【_Split 分割】工具，沿着椭圆将曲面中间部分修剪掉，如图 9-31。

③ 在【Perspective】视图中，使用 ☙【_BlendSrf 曲面混接】工具，将中间的曲面连接

起来，连续性选择位置。如图 9-32。

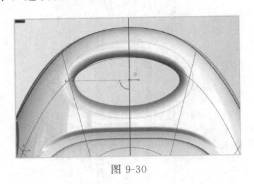

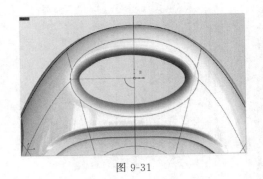

图 9-30　　　　　　　　　　　　　图 9-31

④ 在【Perspective】视图中，使用 🗝【_Rebuild 重建曲面】工具，点数 U（24）　V（6），阶数 U（3）　V（3）重建中间的连接曲面，如图 9-33。

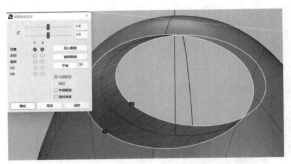

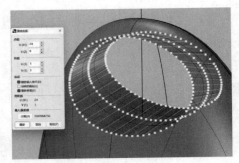

图 9-32　　　　　　　　　　　　　图 9-33

⑤ 观察各个视图中的形状，使用 🗝【_Curve 控制点曲线】工具，将曲面调整成与参考图相似的图形，如图 9-34。

⑥ 在【Perspective】视图中，使用 🗝【_MatchSrf 衔接曲面】工具，将两个曲面衔接，如图 9-35。

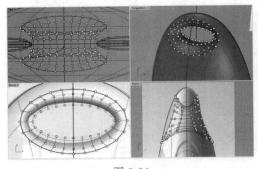

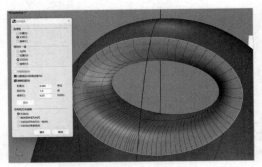

图 9-34　　　　　　　　　　　　　图 9-35

✏️ **注意：** 衔接时，两边都要衔接，可选择多重衔接以提高工作效率。

⑦ 在【Front】视图中，使用 🗝【_Curve 控制点曲线】工具，按照参考图绘制曲线，如图 9-36。

⑧ 在【Front】视图中，使用 ⏚【_Split 分割】工具，将曲面侧边分割开，如图 9-37。

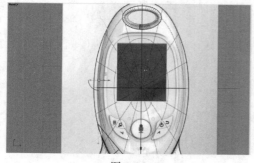
图 9-36

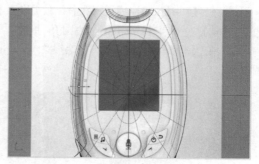
图 9-37

⑨ 在【Front】视图中，使用 🖐【_OffsetSrf 偏移曲面】工具，向内偏移 1，偏移出一个曲面如图 9-38。

⑩ 在【Front】视图中，使用 ⏚【_Split 分割】工具，将曲面多余部分修剪掉，如图 9-39。

图 9-38

图 9-39

⑪ 在【Perspective】视图中，使用 🔗【_BlendSrf 曲面混接】工具，将曲面间隙部分补全；然后使用 🧩【_Join 组合】工具，将曲面组合为一体。如图 9-40。

⑫ 在【Perspective】视图中，使用 ⬛【_BlendEdge 不等距边缘混接】工具进行圆角处理，选择中间缝隙做一个半径为 1mm 的圆角曲面，如图 9-41。

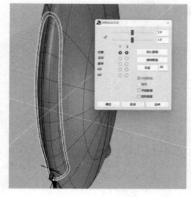
图 9-40

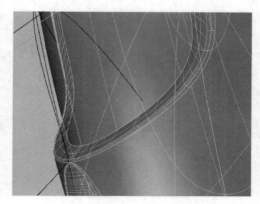
图 9-41

　　注意： 需要适当调整下面的控制杆，否则圆角曲面会破面。

　　⑬ 在【Perspective】视图中，使用 📦【_BlendEdge 不等距边缘混接】工具，选择内侧边缘同样做一个半径为 1mm 的圆角曲面，如图 9-42。

　　⑭ 在【Front】视图中，使用 ⬓【_Split 分割】工具，将右边的曲面从中间修剪掉，如图 9-43。

图 9-42

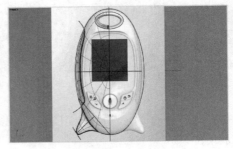

图 9-43

　　⑮ 在【Front】视图中，使用 ⬓【_Mirror 镜像】工具，关于 Y 轴对称镜像曲面，如图 9-44。

　　⑯ 在【Front】视图中，使用 ▱【_Rectangle 矩形：圆角矩形】工具，以参考图为基准，绘制圆角矩形，如图 9-45。

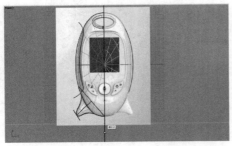

图 9-44

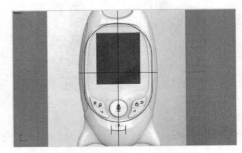

图 9-45

　　⑰ 在【Front】视图中，使用 ▱【_PointsOn 显示物件控制点】工具和 ⋀【Line_Polyline 直线：多重曲线】工具，绘制辅助线，如图 9-46。

　　⑱ 在【Front】视图中，使用 ▱【_Curve 控制点曲线】工具，捕捉辅助线的中点和相应的控制点（除四个角点外），得到一个可调整的封闭曲线，如图 9-47。

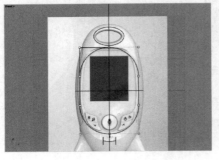

图 9-46

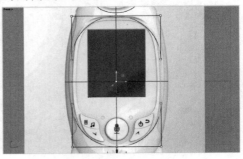

图 9-47

⑲ 在【Front】视图中，使用【_PointsOn 显示物件控制点】工具，调节控制点将封闭曲线调整成与背景参考图接近的形状，如图 9-48。

⑳ 在【Perspective】视图中，使用【_Trim 修剪】工具，沿着曲线修剪掉曲面中间部分，如图 9-49。

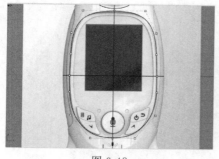

图 9-48

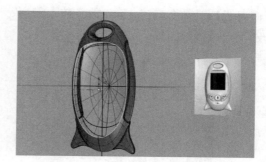

图 9-49

㉑ 在【Perspective】视图中，使用【_PlanarSrf 以平面曲线建立曲面】工具，建立如图 9-50 所示的内部平面。

㉒ 在【Right】视图中，使用操作轴，将曲面平移到参考图相应位置，如图 9-51。

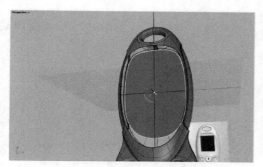

图 9-50

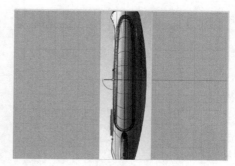

图 9-51

㉓ 在【Perspective】视图中，使用【_BlendSrf 曲面混接】工具，将曲面间隙补全；然后使用【_Join 组合】工具，将曲面组合为一体。如图 9-52。

㉔ 在【Front】视图中，使用【_Circle 圆】工具，在参考图有圆弧的位置画出圆，如图 9-53。

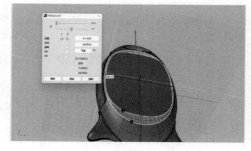

图 9-52

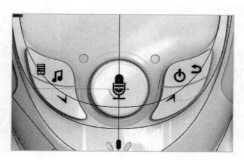

图 9-53

㉕ 在【Front】视图中，使用 😊 【_BlendCrv 可调式混接曲线】工具，将曲线连接，用类似的方法将内部封闭曲线绘制完整。

✎ **注意：** 曲线要在同一平面内，如图 9-54。

㉖ 在【Right】视图中，将曲线平移到相应位置，再使用 📖 【_ExtrudeCrv　挤出封闭的平面曲线】工具，挤出 1mm 的实体，使用 🔵 【_BooleanDifference 布尔运算差集】工具，用主体减去挤出的实体，如图 9-55。

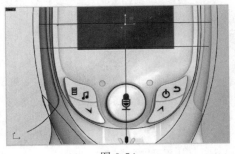

图 9-54

图 9-55

㉗ 在【Front】视图中，使用 🗨 【_Curve 控制点曲线】工具，按照参考图绘制曲线，如图 9-56。

㉘ 在【Front】视图中，使用 😊 【_BlendCrv 可调式混接曲线】工具，将曲线两端封闭，如图 9-57。

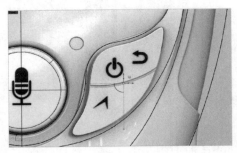

图 9-56

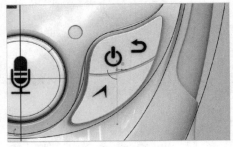

图 9-57

㉙ 在【Right】视图中，使用 📖 【_ExtrudeCrv 挤出封闭的平面曲线】工具，挤出长度为 4mm 的实体。使用 🔃 【_Mirror 镜像】工具，选择关于 Y 轴对称出另一侧的实体。如图 9-58。

㉚ 在【Perspective】视图中，使用 🔵 【_BooleanDifference 布尔运算差集】工具，用主体减去挤出的实体，再复制一份实体，如图 9-59。

㉛ 在【Perspective】视图中，使用 🔲 【_BlendEdge 不等距边缘混接】工具，进行圆角处理，如图 9-60。

㉜ 在【Front】视图中，使用 ⭕ 【_Circle 圆】工具，在参考图对应位置画一个圆，再使用 📶 【_ArrayLinear 直线阵列】工具阵列出 6 个，如图 9-61。

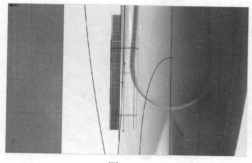

图 9-58

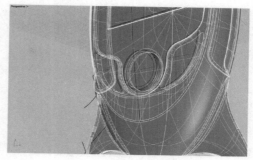

图 9-59

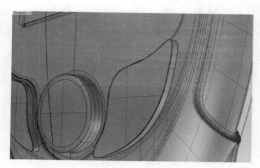

图 9-60

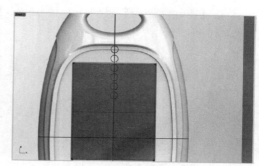

图 9-61

㉝ 在【Front】视图中，使用 【_ArrayPolar 环形阵列】工具，从内向外依次进行 5 次阵列，阵列数每次递增 5 个，如图 9-62。

㉞ 在【Right】视图中，使用 【_ExtrudeCrv 挤出封闭的平面曲线】工具，挤出长度为 20mm 的实体，如图 9-63。

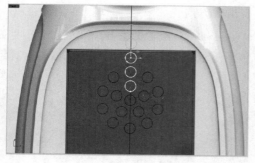

图 9-62

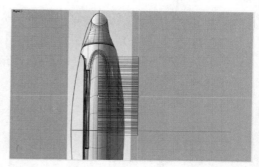

图 9-63

㉟ 在【Perspective】视图中，使用 【_BooleanDifference 布尔运算差集】工具，用主体减去挤出的实体，如图 9-64。

㊱ 在【Perspective】视图中，使用 【_BlendEdge 不等距边缘混接】工具，做半径为 0.3mm 的曲面，如图 9-65。

㊲ 在【Front】视图中，使用 【_Rectangle 矩形】工具，按照参考图画出辅助线，再使用 【_Project 投影曲线或控制点】工具，投影在主体上，如图 9-66。

图 9-64

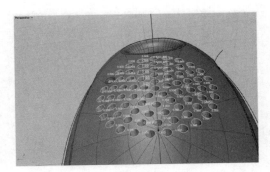

图 9-65

㊳ 在【Perspective】视图中，使用 ✂【_Trim 修剪】工具，按照投影曲线将其切割开，如图 9-67。

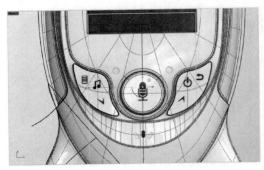

图 9-66

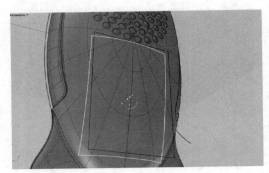

图 9-67

㊴ 在【Right】视图中，使用 ▣【_ExtrudeCrv 挤出封闭的平面曲线】工具，挤出长度为 4mm 的曲面，如图 9-68。

✏️ **注意：** 如果方向不对就选择"方向"来改变挤出的方向。

㊵ 在【Perspective】视图中，使用 ▣【_ExtrudeSrf 挤出曲面】工具，挤出长度为 2mm 的实体。挤出后使用 ⊕【_BooleanUnion 布尔运算联集】工具，将其进行联集运算组合。如图 9-69。

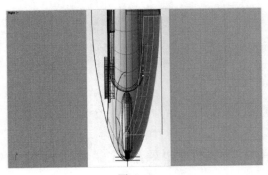

图 9-68

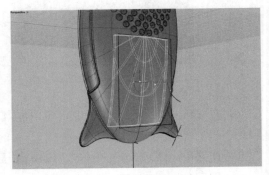

图 9-69

✏️ **注意：** 如果方向不对就选择"方向"来改变挤出的方向。

㊶ 在【Perspective】视图中，建立一个小圆柱，与后盖进行联集，如图 9-70。

㊷ 在【Perspective】视图中，使用▨【_BlendEdge 不等距边缘混接】工具，给后盖建立平滑圆角曲面，如图 9-71。

图 9-70

图 9-71

㊸ 在【Perspective】视图中，在后盖尾部建立一个长方体，再使用▨【_BooleanUnion 布尔运算联集】工具，将其与后盖联集，如图 9-72。

㊹ 在【Perspective】视图中，使用▨【_Ellipse 椭圆：从中心点】工具，在后盖尾部建立一个椭圆形，再使用▨【_ExtrudeCrv 挤出封闭的平面曲线】工具，挤出长度为 8mm 的实体，如图 9-73。

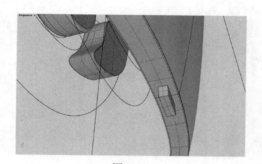

图 9-72

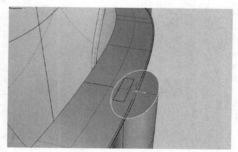

图 9-73

㊺ 在【Perspective】视图中，使用▨【_BooleanDifference 布尔运算差集】工具，用主体减去挤出的椭圆实体，如图 9-74。

㊻ 在【Front】视图中，建立一个椭圆形，并使用▨【_ArrayPolar 环形阵列】工具，将图案放到相应位置。再使用▨【_ExtrudeCrv 挤出封闭的平面曲线】工具，挤出实体。如图 9-75。

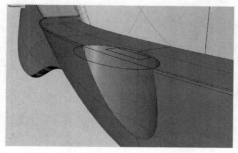

图 9-74

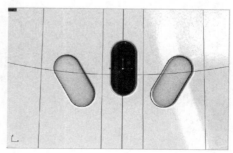

图 9-75

注意： 阵列不出时可用复制工具将曲线复制后放到相应位置，两边的实体要往外拉一点。

㊼ 在【Perspective】视图中，使用【_BooleanDifference 布尔运算差集】工具，用主体减去挤出的实体，如图 9-76。

㊽ 在【Perspective】视图中，使用【_ExtrudeCrv 挤出封闭的平面曲线】工具，挤出中间曲线长度为 0.5mm 的实体并往里拉进去，如图 9-77。

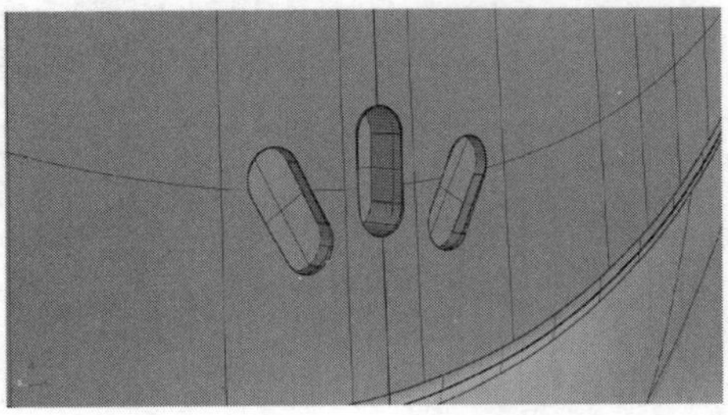
图 9-76

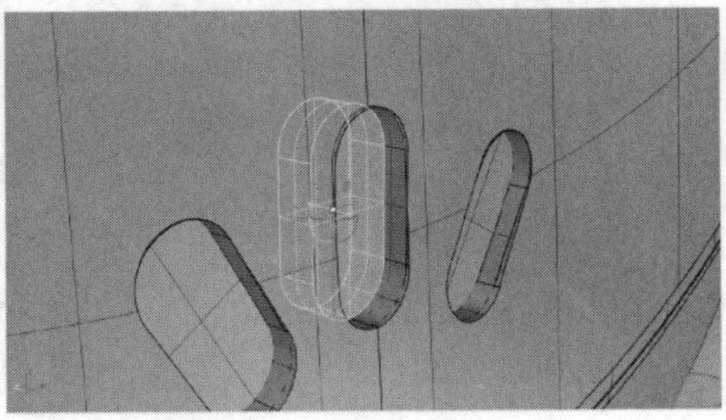
图 9-77

㊾ 在【Front】视图中，根据参考图使用【_Rectangle 矩形】工具，绘制相应的曲线，如图 9-78。

㊿ 在【Front】视图中，使用【_Trim 修剪】工具，得到如图 9-79 所示的形状。

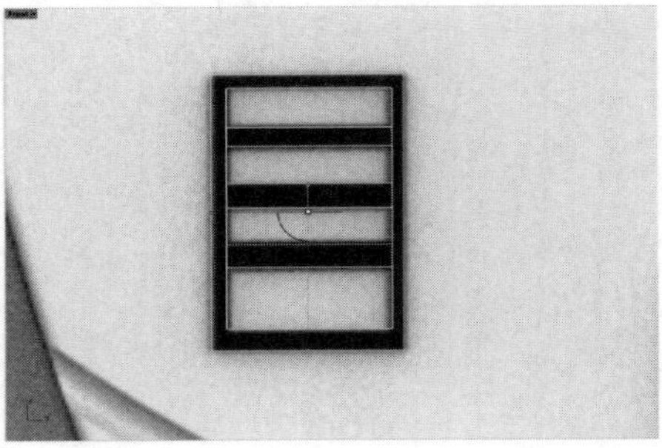
图 9-78

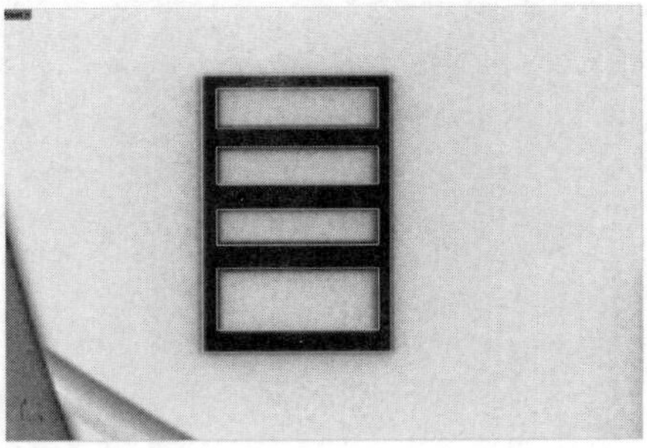
图 9-79

(51) 在【Front】视图中，使用【_Curve 控制点曲线】工具和【Line_Polyline 直线：多重曲线】工具，绘制参考图所示的其他图案并用【_Trim 修剪】工具和【_Join 组合】工具，将曲线封闭。然后使用【_Group】工具，将其群组起来。如图 9-80。

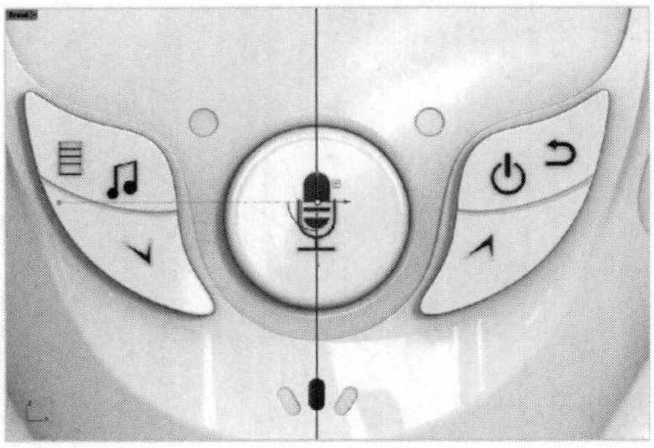
图 9-80

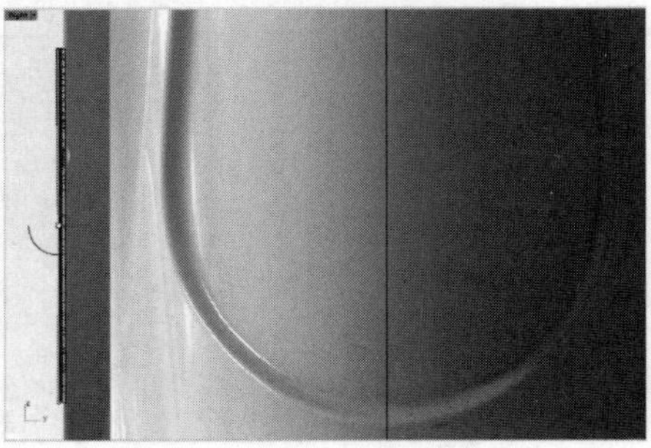
图 9-81

(52) 在【Right】视图中，使用操作轴将群组曲线向左移动 9mm，使用【_ExtrudeCrv 挤出封闭的平面曲线】工具，挤出长度为 0.2mm 的实体，并将其也组合起来，如图 9-81。

(53) 在【Front】视图中，按照参考图绘制曲线，如图 9-82。

(54) 在【Right】视图中，使用操作轴将按钮实体及曲线向左移动 9mm，使用【_Pipe 圆管】工具，建立一条圆管，如图 9-83。

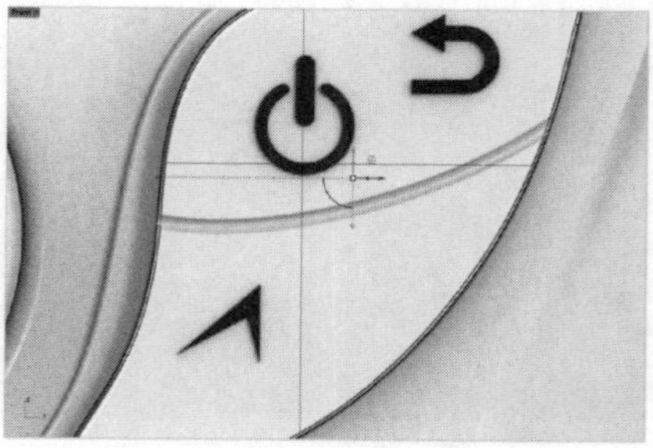

图 9-82

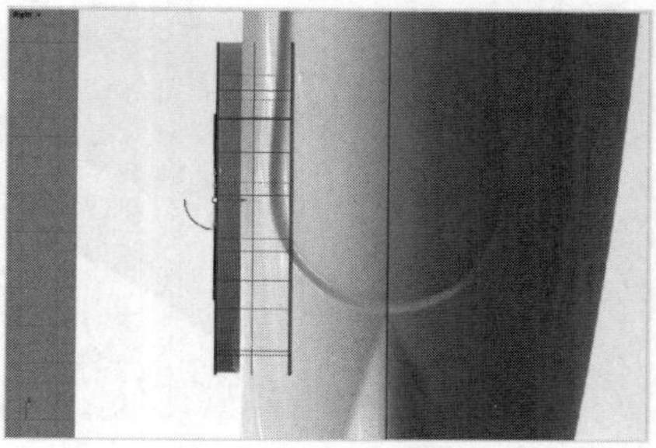

图 9-83

(55) 在【Perspective】视图中，使用【_BooleanDifference 布尔运算差集】工具，用主体减去挤出的圆管，如图 9-84。

(56) 在【Perspective】视图中，使用【_Mirror 镜像】工具，选择关于 Y 轴对称，镜像复制出另一侧的实体，如图 9-85。

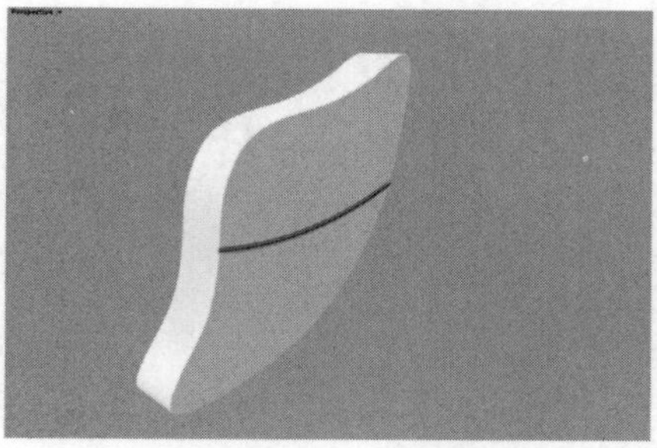

图 9-84

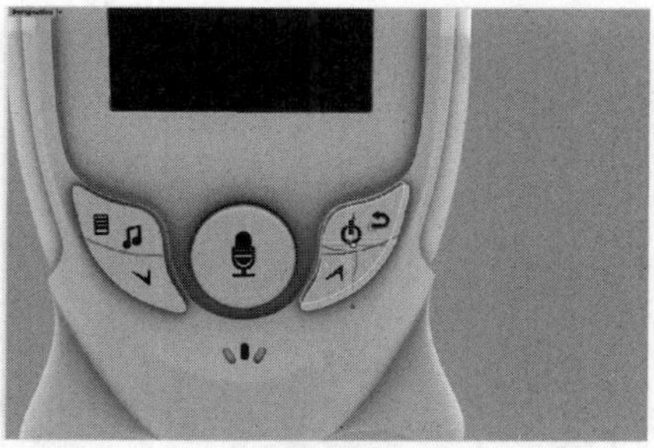

图 9-85

(57) 在【Front】视图中，参照参考图绘制图形曲线，如图 9-86。

(58) 在【Perspective】视图中，使用【_ExtrudeCrv 挤出封闭的平面曲线】工具，挤出长度为 3mm 的实体。再使用【_BooleanDifference 布尔运算差集】工具，用主体减去挤出的圆柱体。如图 9-87。

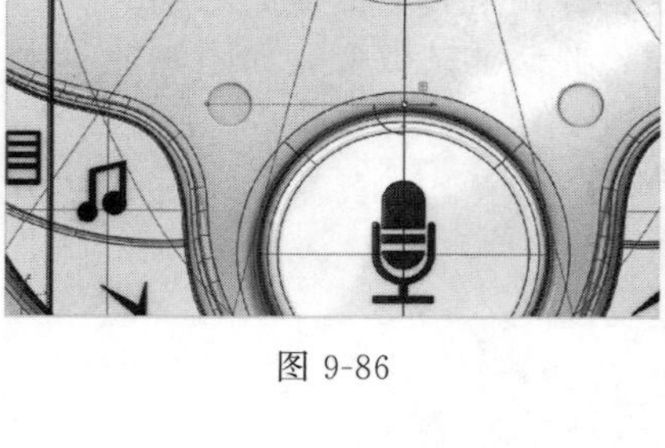

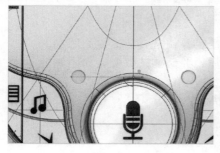

图 9-86

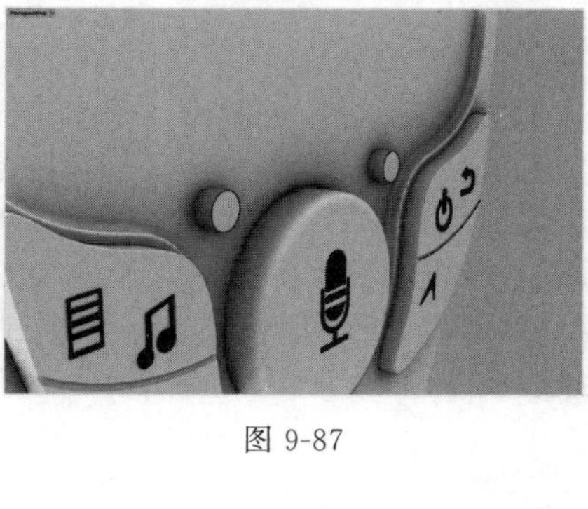

图 9-87

㊾ 在【Perspective】视图中，使用【_ExtrudeCrv 挤出封闭的平面曲线】工具，挤出长度为 1mm 的圆柱体，再使用操作轴将其放进内部，如图 9-88。

最终完成的模型效果如图 9-89。

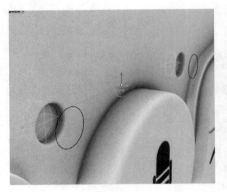

图 9-88

图 9-89

9.4　婴儿监护器普通渲染

① 在【Perspective】视图中，给外壳赋予"自定义"材质，并调节其数值。太亮降低光泽度，若反光太严重降低反射度。如图 9-90。

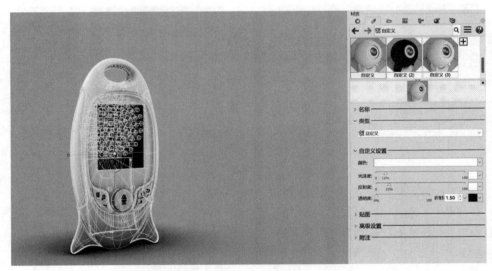

图 9-90

② 在【Perspective】视图中，给图案赋予材质，并调节其数值，如图 9-91。

③ 在【Perspective】视图中，给屏幕赋予材质，并调节其数值，如图 9-92。

④ 渲染系数设置：

解析度与品质：根据电脑配置和渲染图要求决定。

背景：根据产品需求来定。

其他默认就可以，如图 9-93。

图 9-91

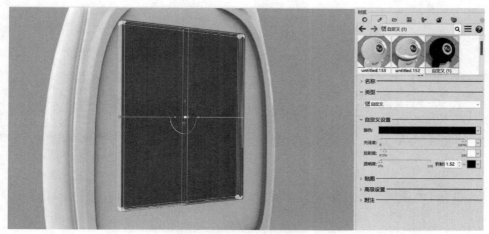

图 9-92

图 9-93

9.5 婴儿监护器模型三视图的生成与尺寸标注

① 进入尺寸标注下拉菜单，选择建立 2D 图面，如图 9-94。

② 选择第三角投影，视图选择【Top】，如图 9-95。

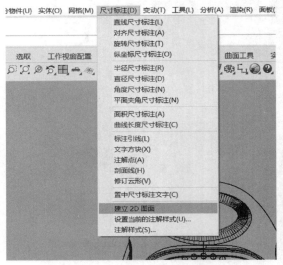

图 9-94

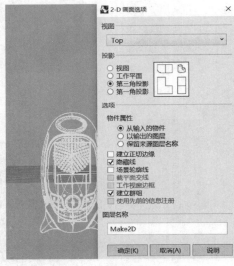

图 9-95

③ 在【Top】视图中，将除三视图外的视图隐藏，使用 【_Dim 尺寸标注】工具，标注自己需要的尺寸，如图 9-96。

④ 双击标注的尺寸可更改尺寸数值和其他，如图 9-97。

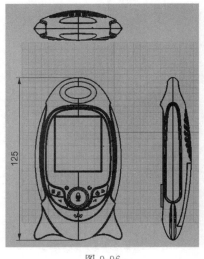

图 9-96

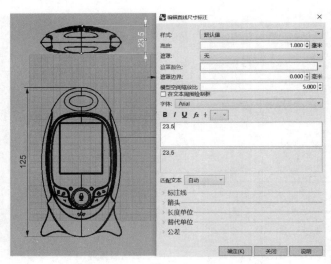

图 9-97

⑤ 选择打印工具，根据需求选择"图片文件"或其他，保存三视图文件，如图 9-98。

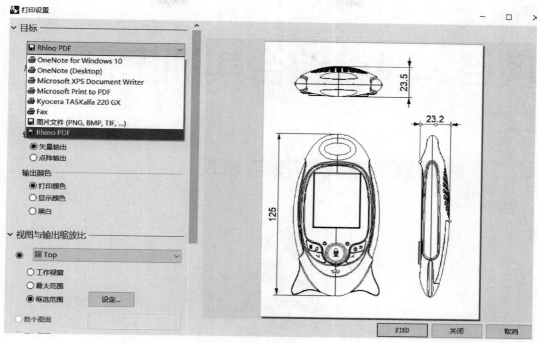

图 9-98

第10章

项目3 高级综合实训案例

10.1 呼吸罩数字化建模与表现

建模思路见图 10-1。

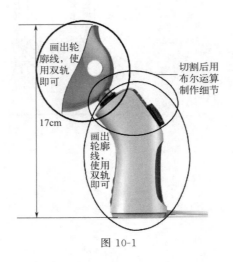

图 10-1

10.1.1 呼吸罩主体轮廓线的绘制

① 在【Front】视图中，导入参考图片，使用 【Line_BothSides 直线：中点】工具，捕捉 0 点位置，绘制图像参考线（辅助线），如图 10-2。

② 在【Top】视图中，使用 【_Rectangle 矩形：圆角矩形】工具，以参考线为基准，绘制圆角矩形，如图 10-3。

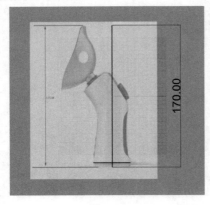

图 10-2

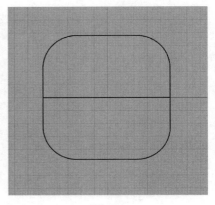

图 10-3

③ 在【Top】视图中，使用 【_PointsOn 显示物件控制点】工具和 【Line_Poly-line 直线：多重曲线】工具，绘制辅助线，如图 10-4。

④ 在【Top】视图中，使用 【_Curve 控制点曲线】工具，将除四顶点外的点连起来（辅助线的中点也要连接），得到一个可调的封闭曲线，如图 10-5。

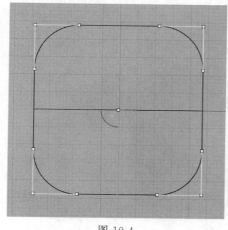
图 10-4

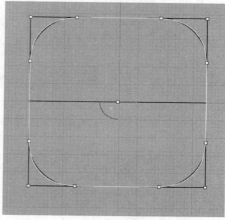
图 10-5

⑤ 在【Front】视图中，使用 【Line_BothSides 直线：多重直线】工具，绘制参考线，如图 10-6。

⑥ 在【Perspective】视图中，使用 【_Circle 圆：直径】工具，绘制圆形，如图 10-7。

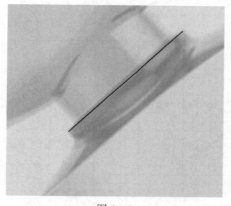
图 10-6

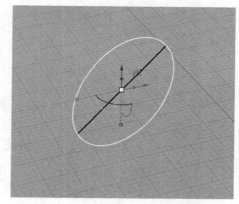
图 10-7

⑦ 在【Right】视图中，使用 【_Trim 修剪】工具，将曲线的一半修剪掉，如图 10-8。

⑧ 在【Perspective】视图中，使用 【_Rebuild 重建曲线】工具，将半圆重建成 6 点 5 阶的曲线，如图 10-9。

⑨ 在【Perspective】视图中，使用 【Line_BothSides 直线：多重直线】工具和 【_PointsOn 显示物件控制点】工具，图中两点要在两端的直线上，如图 10-10。

⑩ 在【Front】视图中，使用 【_Curve 控制点曲线】工具，参考背景图绘制轮廓线，如图 10-11。

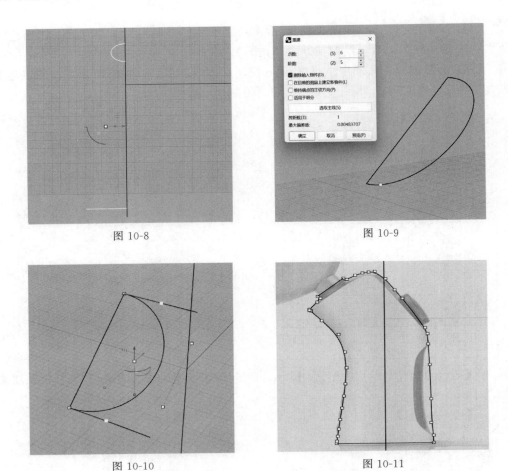

图 10-8　　　　　　　　　　　　　　　　图 10-9

图 10-10　　　　　　　　　　　　　　　图 10-11

10.1.2　呼吸罩主体形态的制作

①在【Perspective】视图中，使用 🥄【_Sweep2 双轨扫掠】工具，绘制曲面，如图 10-12。

②在【Perspective】视图中，使用 🔲【_Curve 控制点曲线】工具，参照参考图绘制切割用曲线，如图 10-13。

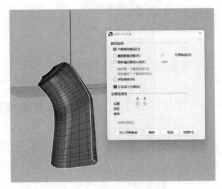

图 10-12

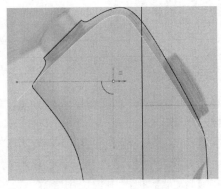

图 10-13

③ 在【Front】视图中，使用 【_Split 分割】工具，将曲面分割成两部分，如图 10-14。

④ 在【Perspective】视图中，使用 【_Fin 往曲面法线方向挤出曲线】工具，沿曲面边缘往曲面法线方向挤出曲面，如图 10-15。

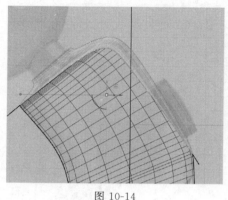

图 10-14

图 10-15

⑤ 在【Perspective】视图中，使用 【_Join 组合】将曲面进行组合，使用 【_BlendEdge 不等距边缘混接】工具，创建一个 0.5mm 的圆角，如图 10-16。

⑥ 在【Front】视图中，使用 【_Curve 控制点曲线】工具，按照参考图绘制右侧下部缺口的切割用曲线，如图 10-17。

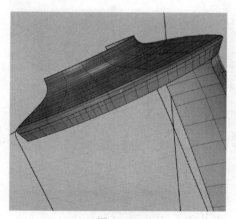

图 10-16

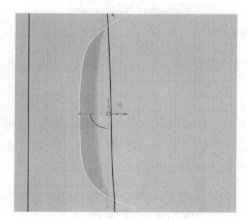

图 10-17

⑦ 在【Front】视图中，使用 【_Split 分割】工具，将曲面右侧缺口修剪掉，如图 10-18。

⑧ 在【Front】视图中，使用 【_Curve 控制点曲线】工具，按照参考图绘制外部轮廓线，如图 10-19。

⑨ 在【Perspective】视图中，使用 【_Mirror 镜像】工具，选择关于 X 轴镜像将曲面进行镜像复制，如图 10-20。

⑩ 在【Perspective】视图中，使用 【_Loft 放样】工具，选取两个曲面边缘以及绘制的曲线进行放样，创建曲面。如图 10-21。

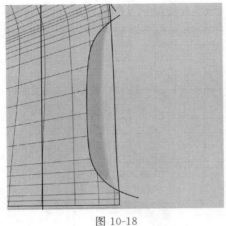

图 10-18

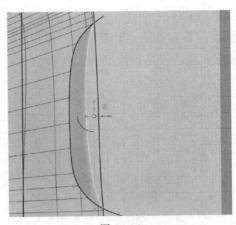

图 10-19

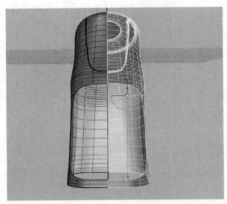

图 10-20

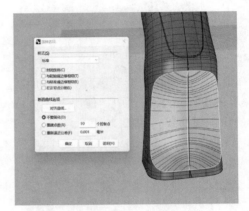

图 10-21

⑪ 在【Right】视图中，使用 ⊥【_Split 分割】工具，将曲面修剪掉一半，如图 10-22。

⑫ 在【Perspective】视图中，使用 🔩【_Fin 往曲面法线方向挤出曲线】工具，沿曲面边缘往曲面法线方向挤出曲面，如图 10-23。

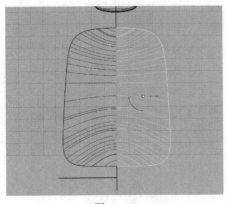

图 10-22

图 10-23

⑬ 在【Perspective】视图中，使用 🖱【_Pipe 圆管】工具，沿曲面创建一条圆管。如

果可以使用【_BlendEdge 不等距边缘混接】工具则优先使用该工具。如图 10-24。

⑭ 在【Perspective】视图中，使用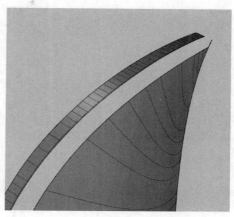【_Split 分割】工具，用圆管将曲面切割开，修剪掉要进行圆角的部分如图 10-25。

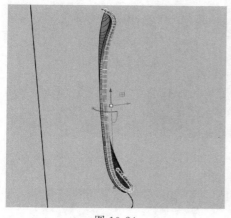

图 10-24

图 10-25

⑮ 在【Perspective】视图中，使用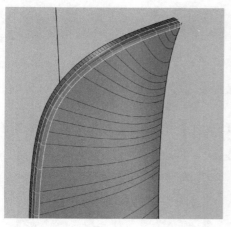【_BlendSrf 曲面混接】工具，将曲面连接起来，如图 10-26。

⑯ 在【Perspective】视图中，使用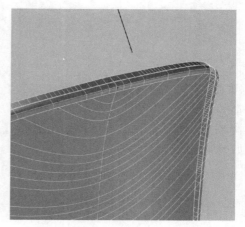【_Mirror 镜像】工具，选择关于 X 轴镜像将曲面进行镜像复制并组合起来，如图 10-27。

图 10-26

图 10-27

⑰ 在【Perspective】视图中，使用 【_Fin 往曲面法线方向挤出曲线】工具，沿曲面边缘往曲面法线方向挤出曲面。主体全部边缘都要挤出并进行组合，如图 10-28。

⑱ 在【Perspective】视图中，使用 【_BlendEdge 不等距边缘混接】工具，创建一个 0.2mm 的圆角，如图 10-29。

⑲ 在【Top】视图中，使用 【_Mirror 镜像】工具，选择关于 X 轴镜像将曲面进行镜像复制并组合起来，如图 10-30。

⑳ 在【Front】视图中，使用【操作轴】工具，将曲线调整到合适位置，如图 10-31。

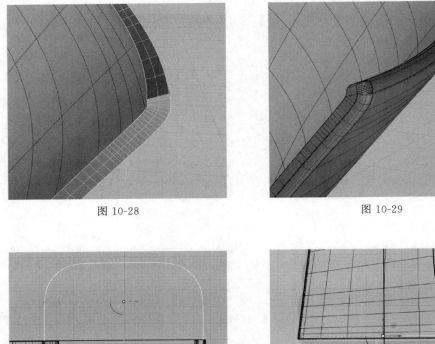

图 10-28　　　　　　　　　　　　　　　　　　图 10-29

图 10-30　　　　　　　　　　　　　　　　　　图 10-31

㉑ 在【Front】视图中，使用【复制】和【操作轴】将曲线调整到参考图的位置，如图 10-32。

㉒ 在【Perspective】视图中，使用 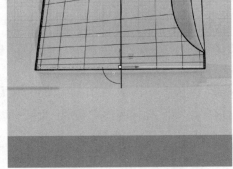【_Loft 放样】工具，选取两个边缘放样创建曲面，如图 10-33。

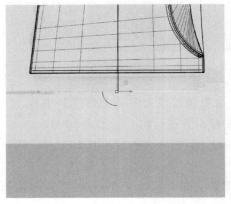

图 10-32

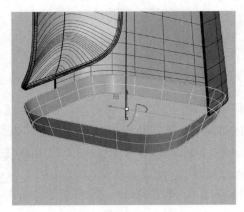

图 10-33

㉓ 在【Perspective】视图中，使用 【_Cap 将平面洞加盖】工具，将底部封闭，如图 10-34。

㉔ 在【Perspective】视图中，使用 【_Mirror 镜像】工具，选择关于 X 轴镜像将曲线进行镜像复制并组合起来，如图 10-35。

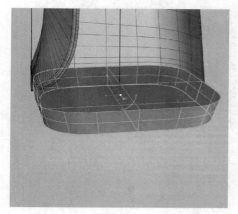

图 10-34

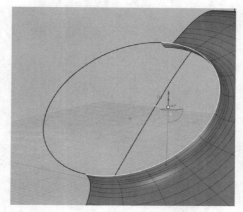

图 10-35

㉕ 在【Perspective】视图中，使用【复制】和【操作轴】将曲线按照参考图复制并缩放，如图 10-36。

㉖ 在【Perspective】视图中，使用 【_Loft 放样】工具和 【_Fin 往曲面法线方向挤出曲线】工具，沿曲面边缘往曲面法线方向挤出曲面，如图 10-37。

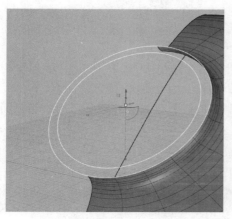

图 10-36

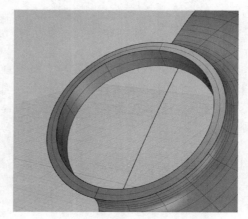

图 10-37

㉗ 在【Perspective】视图中，使用 【_Mirror 镜像】工具，选择关于 X 轴镜像将顶部曲面进行镜像复制并组合起来，如图 10-38。

㉘ 在【Perspective】视图中，使用 【_BlendEdge 不等距边缘混接】工具，将顶部的直角面进行圆角处理，创建一个 0.2mm 的圆角，如图 10-39。

㉙ 在【Front】视图中，复制曲面边缘创建曲线，按照参考图进行曲线控制点的调控，如图 10-40。

㉚ 在【Front】视图中，使用 【_Loft 放样】工具，选取创建的曲线和对应的曲面边

缘进行放样，创建曲面，如图 10-41。

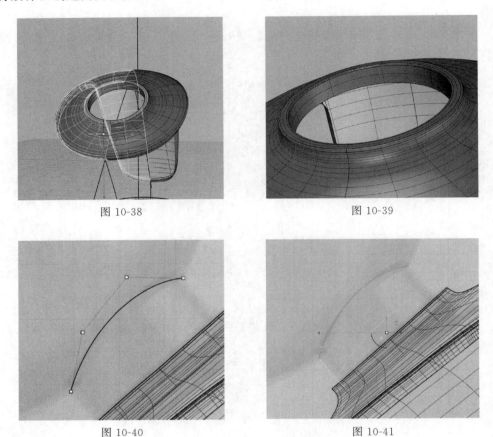

图 10-38　　　　　　　　　　　　　图 10-39

图 10-40　　　　　　　　　　　　　图 10-41

㉛ 在【Front】视图中，创建与平面垂直的圆形曲线并使用 【_PointsOn 显示物件控制点】工具，将曲线按照参考图进行调控。如图 10-42。

㉜ 在【Front】视图中，使用 【_Curve 控制点曲线】工具，按照参考图绘制侧面的轮廓线，如图 10-43。

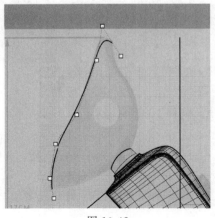
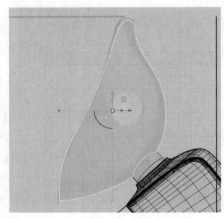

图 10-42　　　　　　　　　　　　　图 10-43

㉝ 在【Perspective】视图中，使用 【_Sweep2 双轨扫掠】工具，创建曲面，如图 10-44。

㉞ 在【Perspective】视图中，使用 【_OffsetSrf 偏移曲面】工具，将曲面建成实体。如图 10-45。

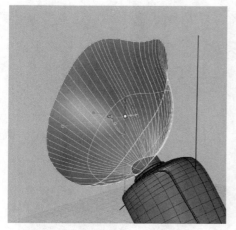
图 10-44

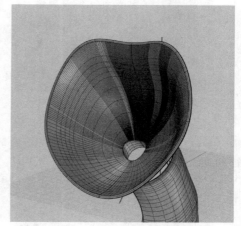
图 10-45

㉟ 使用 【_Circle 圆：直径】工具，绘制圆形，使用 【_ExtrudeCrv 挤出封闭的平面曲线】工具，挤出一个圆柱体。如图 10-46。

㊱ 在【Perspective】视图中，使用 【_BooleanDifference 布尔运算差集】工具，用罩子主体减去圆柱部分。如图 10-47。

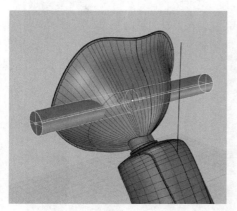
图 10-46

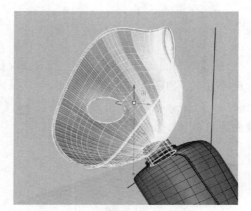
图 10-47

㊲ 在【Perspective】视图中，使用 【_BlendEdge 不等距边缘混接】工具，在呼吸罩的顶部端面处和圆孔处创建 0.2 的圆角。如图 10-48。

㊳ 在【Front】视图中，使用 【_Circle 圆：直径】工具和 【_ExtrudeCrv 挤出封闭的平面曲线】工具，在底部电线位置绘制圆形并挤出圆柱。如图 10-49。

㊴ 在【Right】视图中，使用 【_Split 分割】工具，将底部曲面电线部分修剪掉。如图 10-50。

图 10-48

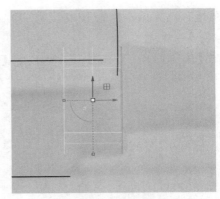

图 10-49

㊵ 在【Perspective】视图中，使用【_Fin 往曲面法线方向挤出曲线】工具，沿曲面边缘往曲面法线方向挤出曲面。如图 10-51。

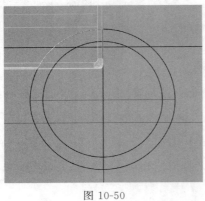

图 10-50

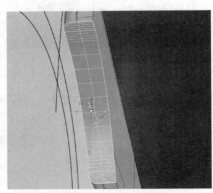

图 10-51

㊶ 在【Perspective】视图中，使用【_BlendEdge 不等距边缘混接】工具，创建圆角，尺寸 0.2。如图 10-52。

㊷ 在【Perspective】视图中，使用【_BooleanDifference 布尔运算差集】工具，用底部减去之前创建的圆柱。如图 10-53。

图 10-52

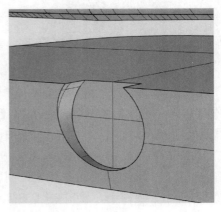

图 10-53

㊸ 在【Perspective】视图中，使用 【_BlendEdge 不等距边缘混接】工具，创建尺寸为 0.2 的圆角。如图 10-54。

㊹ 在【Perspective】视图中，使用 【_BlendEdge 不等距边缘混接】工具，将圆柱也进行尺寸为 0.2 的圆角处理。如图 10-55。

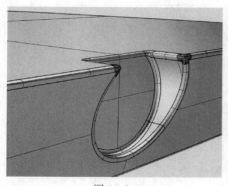
图 10-54

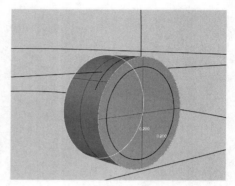
图 10-55

㊺ 在【Front】视图中，使用 【_Circle 圆：直径】工具，按照参考图绘制电线部分的圆形端面轮廓。如图 10-56。

㊻ 在【Front】视图中，使用 【_Loft 放样】工具，创建电线曲面。如图 10-57。

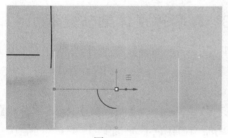
图 10-56

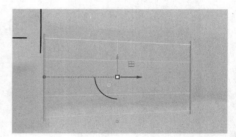
图 10-57

㊼ 在【Front】视图中，使用 【_ExtrudeCrv 挤出封闭的平面曲线】工具，挤出电线的其他部分曲面。如图 10-58。

㊽ 在【Perspective】视图中，使用 【_BooleanUnion 布尔运算联集】工具，将电线曲面通过联集运算变成一体。如图 10-59。

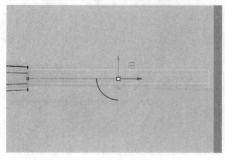
图 10-58

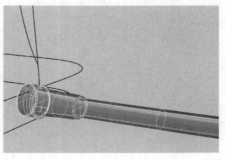
图 10-59

㊾ 在【Perspective】视图中，使用【_BlendEdge 不等距边缘混接】工具，对电线的棱边进行尺寸为 0.2 的圆角处理。如图 10-60。

㊿ 在【Perspective】视图中，使用【_OffsetSrf 偏移曲面】工具，将主体上部曲面创建成有厚度的实体。如图 10-61。

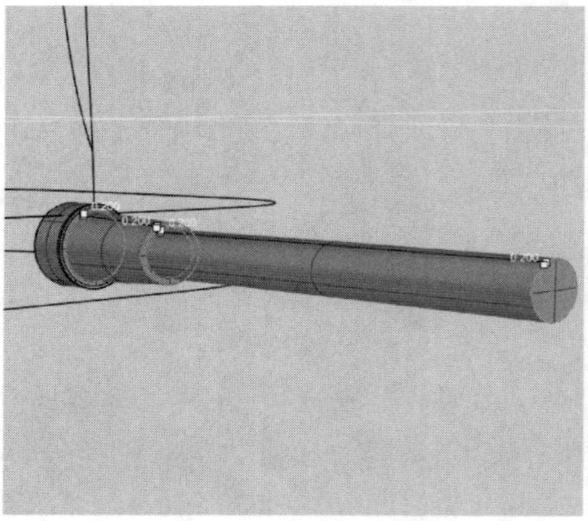

图 10-60

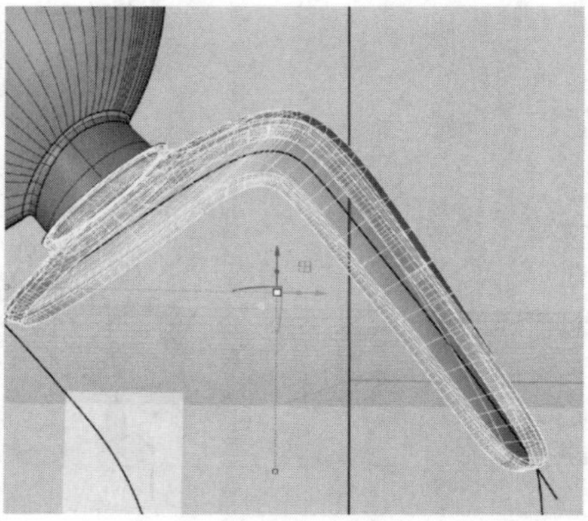

图 10-61

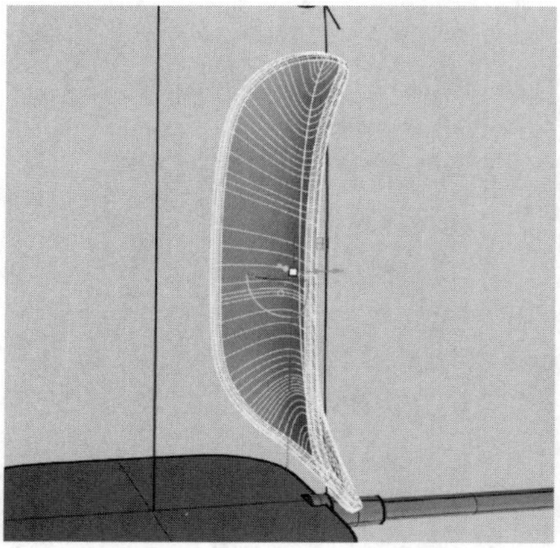

图 10-62

(51)在【Perspective】视图中，使用【_OffsetSrf 偏移曲面】工具，将曲面建成有厚度的实体。如图 10-62。

10.1.3 呼吸罩主体细节处理

① 在【Perspective】视图中，使用【_Circle 圆：直径】工具，绘制一个圆，单轴缩放成椭圆。如图 10-63。

② 在【Perspective】视图中，使用【_ExtrudeCrv 挤出封闭的平面曲线】工具，挤出一个封闭曲面。如图 10-64。

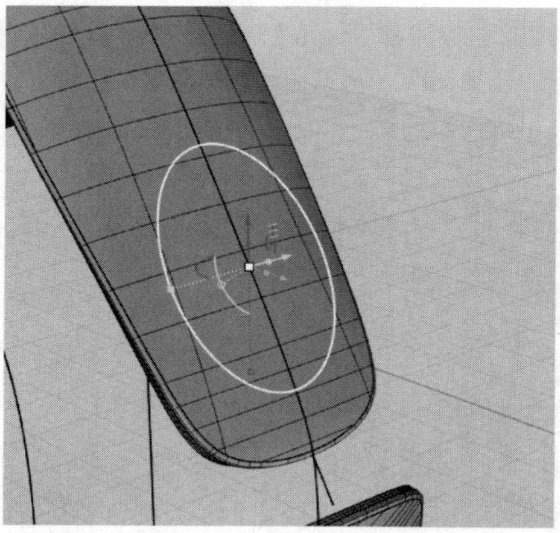

图 10-63

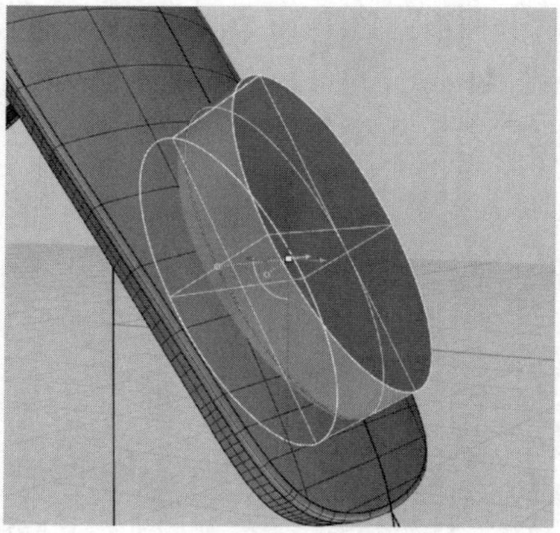

图 10-64

③ 在【Perspective】视图中，使用 【_BooleanUnion 布尔运算联集】工具，将创建的曲面进行联集运算。如图 10-65。

④ 在【Perspective】视图中，使用 【_Explode 炸开】工具，将实体炸开并删掉顶部曲面。使用 【Curve 控制点曲线】工具，重新绘制顶部轮廓线。如图 10-66。

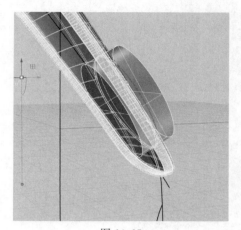
图 10-65

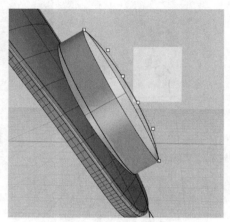
图 10-66

⑤ 在【Perspective】视图中，使用 【_RailRevolve 沿着路径旋转】工具，沿着路径旋转出顶部盖子曲面。如图 10-67。

⑥ 在【Perspective】视图中，使用 【_BlendEdge 不等距边缘混接】工具，创建尺寸为 1 的圆角。如图 10-68。

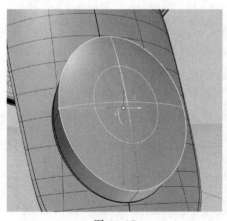
图 10-67

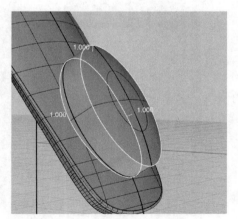
图 10-68

⑦ 在【Perspective】视图中，使用 【_Rectangle 圆角矩形】工具和 【_Project 投影曲线或控制点】工具，绘制一个圆角矩形并将其投影到曲面上。如图 10-69。

⑧ 在【Perspective】视图中，使用 【_ArrayLinear 直线阵列】工具，将其按照参考图位置阵列到曲面上。如图 10-70。

⑨ 在【Perspective】视图中，使用 【_ExtrudeCrv 挤出封闭的平面曲线】工具，将阵列的曲线挤出为曲面。如图 10-71。

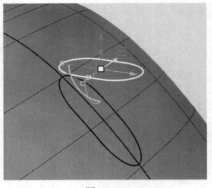

图 10-69

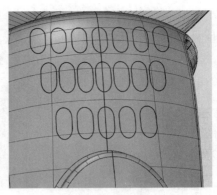

图 10-70

⑩ 在【Perspective】视图中，使用 【_BooleanDifference 布尔运算差集】工具，用主体减去曲面。如图 10-72。

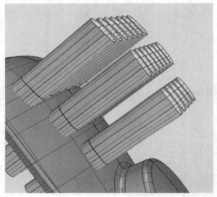

图 10-71

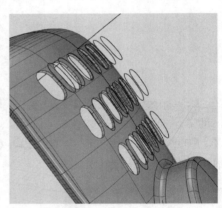

图 10-72

⑪ 在【Perspective】视图中，使用 🔲【_BlendEdge 不等距边缘混接】工具，建造一个 0.1 的圆角。如图 10-73。

⑫ 在【Right】视图中，使用 🔲【_Rectangle 圆角矩形】工具，在主体下部分按照参考图绘制一个圆角矩形。如图 10-74。

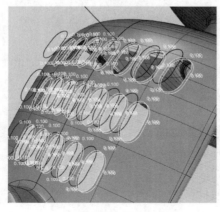

图 10-73

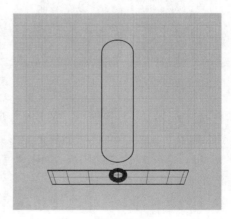

图 10-74

⑬ 在【Right】视图中，使用 ⟋【Line_Polyline 直线：多重曲线】工具，绘制上下的两组辅助线。如图 10-75。

⑭ 在【Right】视图中，使用 ⟨【_PointsOn 显示物件控制点】工具和 ⟨【Curve 控制点曲线】工具，将除四顶点外的点（辅助线的中点也要连接）连起来，得到一个封闭曲线。如图 10-76。

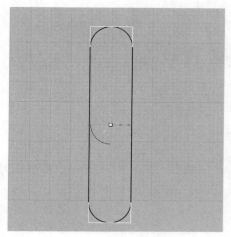

图 10-75

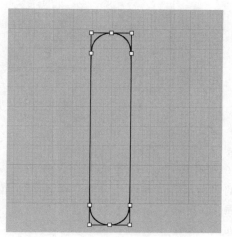

图 10-76

⑮ 在【Perspective】视图中，使用 ▣【_ExtrudeCrv 挤出封闭的平面曲线】工具，将曲线挤出为实体。如图 10-77。

⑯ 在【Perspective】视图中，使用 ▣【_ExtrudeCrv 挤出封闭的平面曲线】工具，将图中曲线挤出为分割用曲面。如图 10-78。

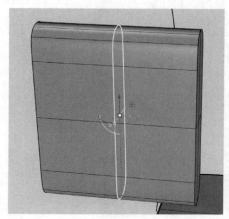

图 10-77

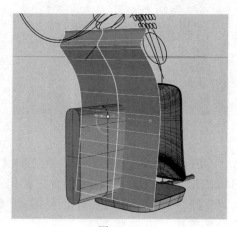

图 10-78

⑰ 在【Perspective】视图中，使用 ◉【_BooleanDifference 布尔运算差集】工具，用挤出的实体减去切割用曲面得到所需的实体。如图 10-79。

⑱ 在【Perspective】视图中，使用 ▣【_DupFaceBorder 复制面的边框】工具，复制出边框曲线。如图 10-80。

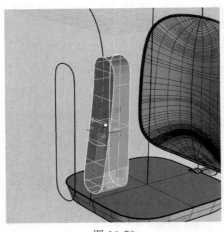
图 10-79

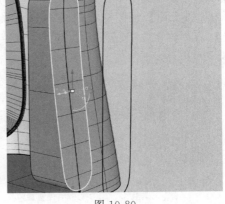
图 10-80

⑲ 在【Perspective】视图中，使用 【_Split 分割】工具，用复制的边框曲线修剪掉主体的曲面部分，将曲线分割后移动到曲面内侧。如图 10-81。

⑳ 在【Perspective】视图中，使用 【_Loft 放样】工具，选取两个边缘放样创建曲面。如图 10-82。

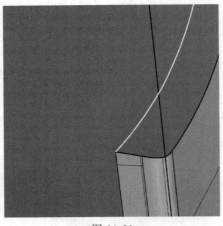
图 10-81

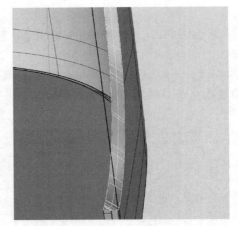
图 10-82

㉑ 在【Perspective】视图中，使用 【_Pipe 圆管】工具，沿曲面交线创建一条圆管。如果可以使用【不等距边缘混接】优先使用。如图 10-83。

㉒ 在【Perspective】视图中，使用 【_Split 分割】工具，用圆管将曲面处于圆管内部的部分修剪掉。如图 10-84。

㉓ 在【Perspective】视图中，使用 【_BlendSrf 混接边缘】工具，将曲面连接起来。如图 10-85。

㉔ 在【Perspective】视图中，使用 【_Ellipsoid 椭圆体：从中心点】工具，按照参考图的位置创建三个椭球体按钮。如图 10-86。

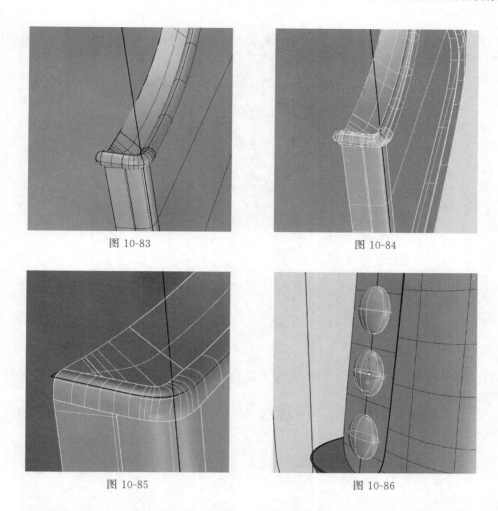

图 10-83　　　　　　　　　　　　　　　图 10-84

图 10-85　　　　　　　　　　　　　　　图 10-86

㉕ 在【Perspective】视图中，使用 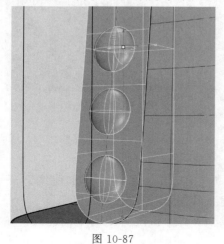【_BooleanUnion 布尔运算联集】工具，将椭球体与主体曲面进行联集运算。如图 10-87。

㉖ 在【Perspective】视图中，使用 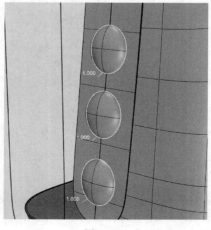【_BlendEdge 不等距边缘混接】工具，在按钮与曲面交界处创建尺寸为 1 的圆角。如图 10-88。

图 10-87　　　　　　　　　　　　　　　图 10-88

㉗ 在【Perspective】视图中，使用 【_BlendEdge 不等距边缘混接】工具，对图中的块体进行尺寸为 0.5 的圆角处理。如图 10-89。

㉘ 在【Right】视图中，使用 【_Circle 圆：直径】工具，继续在此位置绘制并阵列出五个圆形。如图 10-90。

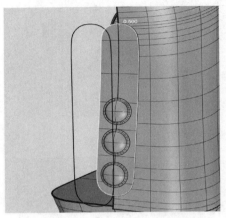

图 10-89

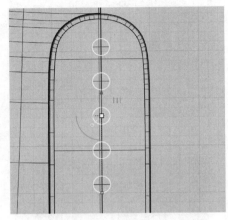

图 10-90

㉙ 在【Perspective】视图中，使用 【_ExtrudeCrv 挤出封闭的平面曲线】工具，将圆形挤出为曲面。如图 10-91。

㉚ 在【Perspective】视图中，使用 【_BooleanSplit 布尔运算分割】工具，用圆柱曲面将主体进行分割。如图 10-92。

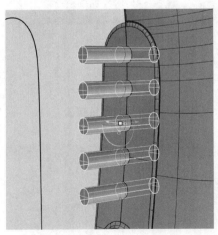

图 10-91

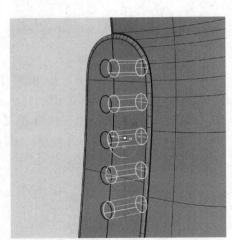

图 10-92

㉛ 在【Perspective】视图中，使用 【_BlendEdge 不等距边缘混接】工具，创建尺寸为 0.2 的圆角。如图 10-93。圆角后效果如图 10-94。

㉜ 在【Perspective】视图中，使用 【Line_Polyline 直线：多重曲线】工具和 【Curve 控制点曲线】工具，绘制三角形及关机的图形符号。如图 10-95。

㉝ 在【Perspective】视图中，使用 【_ExtrudeCrv 挤出封闭的平面曲线】工具，将图形曲线挤出为曲面。如图 10-96。

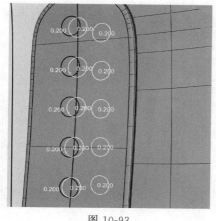

图 10-93

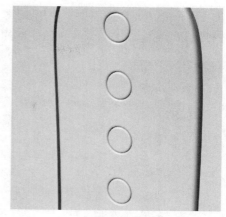

图 10-94

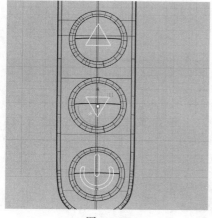

图 10-95

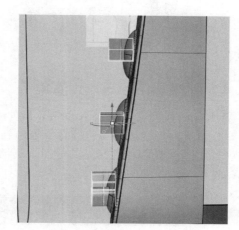

图 10-96

㉞ 在【Perspective】视图中，使用 【_BooleanSplit 布尔运算分割】工具，将按钮图形部分分割出来。如图 10-97。

㉟ 在【Perspective】视图中，使用 【_BlendEdge 不等距边缘混接】工具，对图形实体部分进行尺寸为 0.05 的圆角处理。如图 10-98。

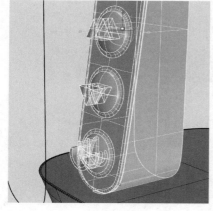

图 10-97

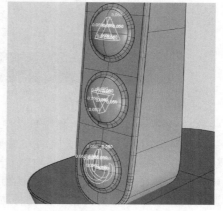

图 10-98

㊱ 在【Perspective】视图中，使用【_Mirror 镜像】工具，选择关于 X 轴镜像将主体曲面进行镜像复制。如图 10-99。创建好的产品模型如图 10-100 所示。

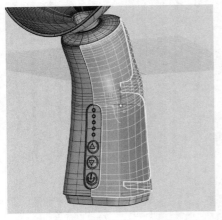

图 10-99

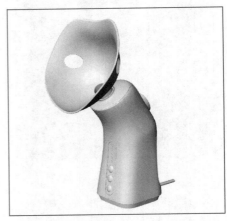

图 10-100

10.1.4　呼吸罩 KeyShot 渲染

① 将 Rhino 模型文件导入 KeyShot 软件中，在环境库面板中选择合适的照明环境拖到场景中，背景库面板中选择相应的背景拖动到场景中。按照参考图的材质先进行顶部呼吸罩的材质调整，赋予塑料（模糊）的材质，透明距离为 1.5mm，模糊为 0，折射指数为 1.5，模糊色尽量暗一点。如图 10-101。

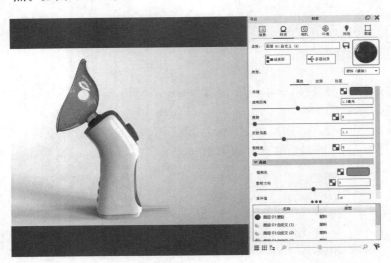

图 10-101

② 主体白色部分塑料材质，粗糙度为 0.1。如图 10-102。

③ 赋予主体红色部分塑料（模糊）材质，透明距离 0.5mm，模糊为 0，粗糙度为 0，模糊色为暗色。如图 10-103。

④ 赋予按钮塑料材质，漫反射颜色为红色，粗糙度为 0.1。如图 10-104。

⑤ 赋予按钮图形部分为白色自发光材质，强度为 20。如图 10-105。

⑥ 最终渲染效果图见图 10-106。

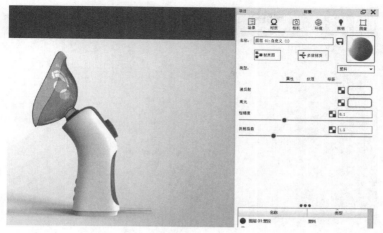

图 10-102

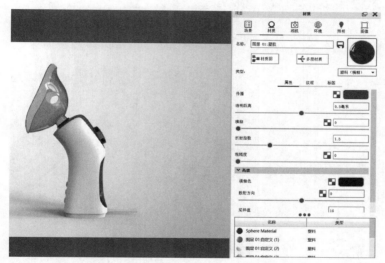

图 10-103

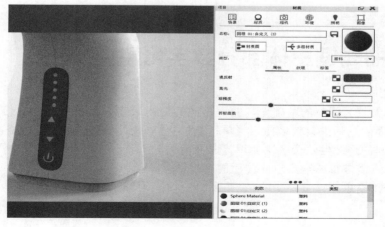

图 10-104

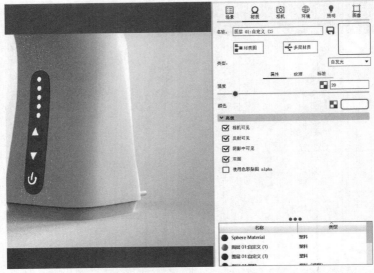

图 10-105

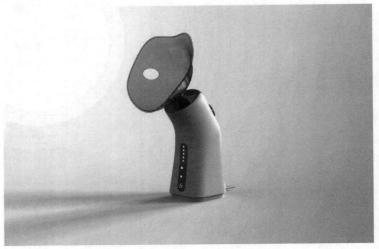

图 10-106

10.2　曲线锯主体部分数字化建模与表现

建模思路：

① 此形体无较为明显的基础型，曲面之间的转折较多，是由多个曲面组合而成的综合形态，创建曲面的过程中会较多使用【单轨扫掠】【双轨扫掠】【放样】【网格曲面】等工具，为确保曲面之间的连续性，会多次使用【曲面衔接】工具。

② 画线调点需多视图观察空间曲面的正确性。

③ 各部分建模思路详见图 10-107 所示。

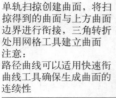

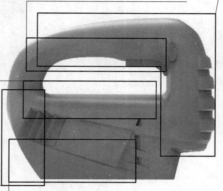

此两部分分段运用双轨扫掠工具创建曲面，将扫掠出的曲面于边界处进行曲面衔接
注意：
1. 双轨扫掠镜像后的曲面可能会有缝隙，故务必进行衔接处理，确保曲面的连续性
2. 曲线调点时多观察各个视图，确保空间点位置的准确性

单轨扫掠创建曲面，将扫掠得到的曲面与上方曲面边界进行衔接，三角转折处用网格工具建立曲面
注意：
路径曲线可以适用快速衔曲线工具确保生成曲面的连续性

双轨扫掠创建曲面，调点后进行曲面衔接

双轨扫掠(曲面为四边面)创建曲面，将扫掠得到的曲面与右方曲面形成渐消面
注意：整体造型上宽下窄，前宽后窄。画线时注意整体走势，多视图观察

图 10-107

10.2.1 曲线锯主体轮廓线的绘制 1

① 在【Front】视图中，导入参考图片正视图，图片右下角对齐 0 点。如图 10-108。分别在【Right】与【Top】视图中导入右视图与俯视图，使用 ⬚【_Move 移动】工具与 ▨【_Scale2D 二轴缩放】调整到图 10-109 位置。

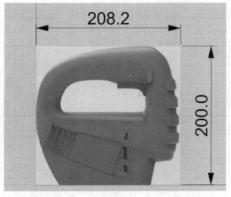

图 10-108

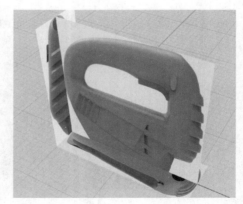

图 10-109

② 在【Front】视图中，使用 ⬚【_Curve 控制点曲线】工具，以参考图为基准，绘制两条曲线。如图 10-110。

③ 在【Top】视图中，使用 ⬚【_PointsOn 显示物件控制点】工具，按照俯视图对曲线进行调点。如图 10-111。

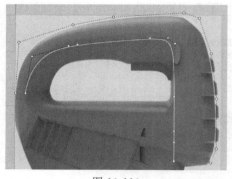
图 10-110

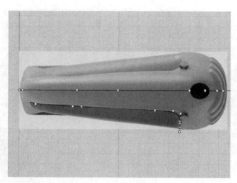
图 10-111

④ 在【Right】视图中，按照右视图进行调点如图 10-112。

图 10-112

⑤ 在【Top】视图中，使用 【_Curve 控制点曲线】工具，在曲线两端画出截面曲线。如图 10-113。

⑥ 在【Front】视图中，查看两端截面曲线的形状，得到一个封闭曲线。如图 10-114。

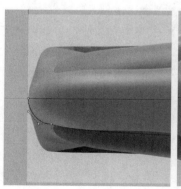
图 10-113

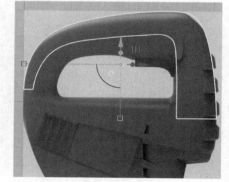
图 10-114

⑦ 在【Front】视图中，使用 【_InterpCrv 内插点曲线】工具，画出中间的截面曲曲线 1，在【Right】视图中按如图 10-115 所示调节曲线的形状。

✎ 注意：　【Right】视图上部的两个控制点要确保同样的高度，以确保生成的曲面和另一半在顶部尽量相切。

⑧ 在【Front】视图中，使用 【_InterpCrv 内插点曲线】工具，画出中间的截面曲线 2，在【Top】视图中按如图 10-116 所示调节曲线的形状。

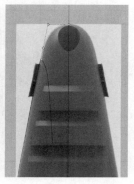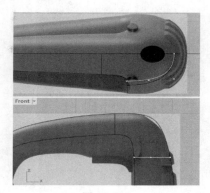

图 10-115　　　　　　　　　　　　　　　图 10-116

注意：　【Top】视图右边的两个控制点要保持在一条垂直线上，以确保生成的曲面和另一半曲面能够尽量保持相切连续。

⑨ 在【Perspective】视图中，使用 【_Sweep2 双轨扫掠】工具，进行双轨扫掠。如图 10-117。

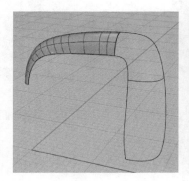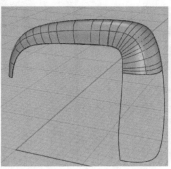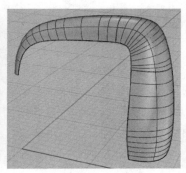

图 10-117

注意：　如果出现曲面正反面方向错误，使用 【_Flip 反转方向】工具反转。

⑩ 在【Perspective】视图中，使用 【_RebuildUV 重建曲面的 U 或 V 方向】工具，(方向(D)=U 点数(P)=10 型式(T)=均匀 删除输入物件(L)=是 目前的图层(C)=否 重新修剪(R)=是)：按 U 方向重建，优化曲面结构线，如图 10-118。

⑪ 在【TOP】视图中，使用 【_Mirror 镜像】工具沿 X 轴将曲面镜像复制，使用 【组合】工具组合所有曲面如图 10-119。

⑫ 在【Perspective】视图中，使用 【_MatchSrf 衔接曲面】工具，将镜像得到的两侧曲面连接处进行衔接，选择正切的 G1 连续性，如图 10-120。衔接完成后曲面连接处折痕消失，如图 10-121。

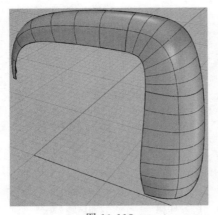

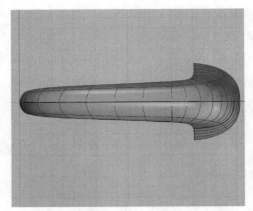

图 10-118　　　　　　　　　　　　　　图 10-119

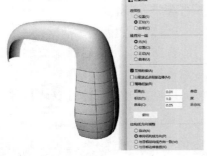

图 10-120

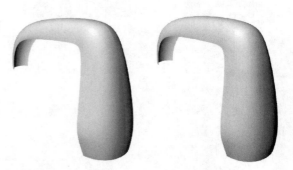

图 10-121　衔接前（左），衔接后（右）

⑬ 在【Front】视图中，使用 ⬚【_Curve 控制点曲线】工具，以参考图为基准，绘制两条相连的曲线。如图 10-122。

⑭ 在【Perspective】视图中，使用 ⬚【_InterpCrv 内插点曲线】工具，画出三条截面曲线。如图 10-123。

✎ **注意：** 三条截面曲线均为平面曲线。

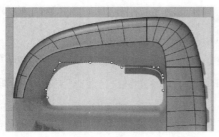

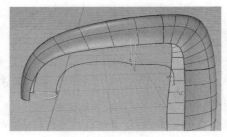

图 10-122　　　　　　　　　　　　　　图 10-123

10.2.2　曲线锯主体轮廓线的绘制 2

① 在【Perspective】视图中，使用 🖌【_Sweep1 单轨扫掠】工具，选择第一段曲线为路径，左边两个断面曲线创建曲面，使用 🖘【_MatchSrf 衔接曲面】工具，选择上一步形成

的曲面边界与上方曲面边界进行衔接，如图 10-124。

✏️ **注意：** 曲面衔接时，连续性选择位置。

② 在【Perspective】视图中，使用 🖌️【_Sweep2 双轨扫掠】工具，选择较长的曲线及曲面边界为路径，较短的曲面边界及曲线为断面曲线，创建曲面，如图 10-125。

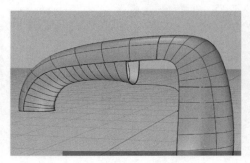

图 10-124

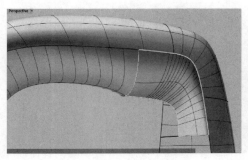

图 10-125

✏️ **注意：** 双轨时，曲面连续性选择位置。

③ 将创建的曲面沿 X 轴使用 🔀【_Mirror 镜像】工具镜像复制。在【Perspective】视图中，使用 🖌️【_MatchSrf 衔接曲面】工具，将两个曲面进行衔接，连续性选择正切，其他参数如图 10-126 所示。

10.2.3　曲线锯主体轮廓线的绘制 3

① 在【Front】视图中，使用 ⭕【_Curve 控制点曲线】工具，以参考图基准，绘制一条曲线。如图 10-127。

② 在【Front】视图中，使用 ⭕【_Curve 控制点曲线】工具，以参考图基准，绘制一条切割用的曲线。使用 ✂️【_Split 修剪】工具切割曲面如图 10-128。

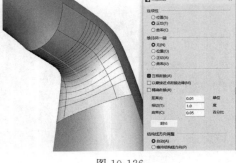

图 10-126

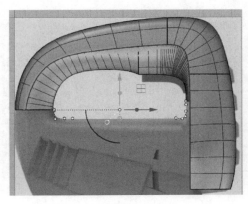

图 10-127

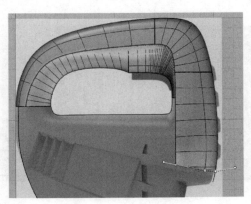

图 10-128

③ 在【Front】视图中，使用 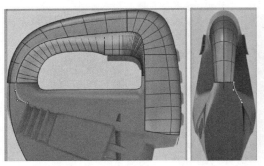【_Curve 控制点曲线】工具，以参考图基准，绘制一条曲线。在【Left】视图中，调节控制点的位置，如图 10-129。

④ 在【Front】视图中，使用 【_BlendCrv 可调式混接曲线】工具，混接如图 10-130处曲线端点。

图 10-129

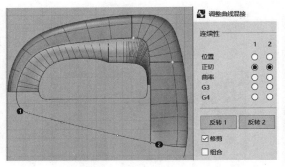

图 10-130

⑤ 在【Perspective】视图中，使用 【_Curve 控制点曲线】工具，创建断面曲线，【Front】视图中位置，如图 10-131。

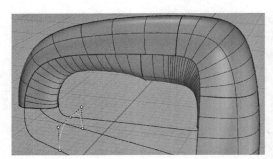

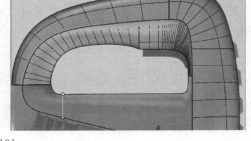

图 10-131

⑥ 在【Perspective】视图中，使用 【_Sweep1 单轨扫掠】工具，选择第一条曲线为路径，两个断面曲线如图 10-132。

⑦ 在【Perspective】视图中，使用 【_MatchSrf 衔接曲面】工具，选择曲面边界与曲线进行衔接，连续性选择位置，如图 10-133。

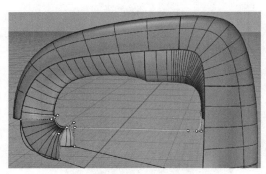

图 10-132

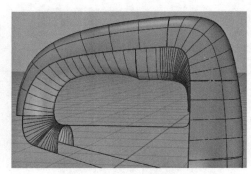

图 10-133

⑧ 在【Front】视图中，绘制一条直线，使用 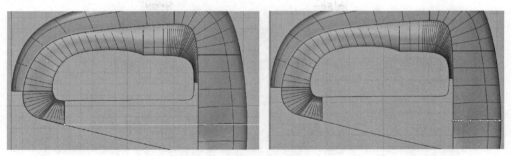【_Project 投影曲线或控制点】工具将直线投影到曲面上，如图 10-134。

图 10-134

⑨ 使用 【_BlendCrv 可调式混接曲线】工具，混接投影曲线和左侧曲面边界，如图 10-135。

⑩ 在【Front】视图中，使用 【_SetPt 设置 XYZ 坐标】工具，选择（设置 Z），将混接曲线的控制点调水平，如图 10-136。

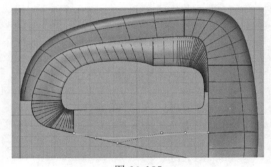

图 10-135

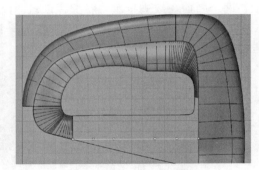

图 10-136

⑪ 在【Perspective】视图中，使用 【_Mirror 镜像】工具沿 X 轴将曲线镜像复制，如图 10-137。

⑫ 在【Perspective】视图中，使用 【_Curve 控制点曲线】工具，绘制一条截面曲线，截面线所有控制点的 X 坐标相同，在【Front】视图中为一条垂直线。如图 10-138。

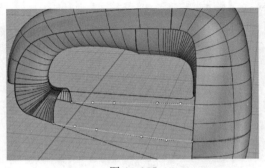

图 10-137

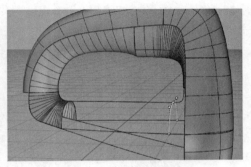

图 10-138

⑬ 在【Perspective】视图中，使用 【_Curve 控制点曲线】工具，绘制一条空间线，

此条曲线较为复杂，曲线两端要与右侧曲面边界过渡顺滑，各视图中的形状及控制点位置如图 10-139。

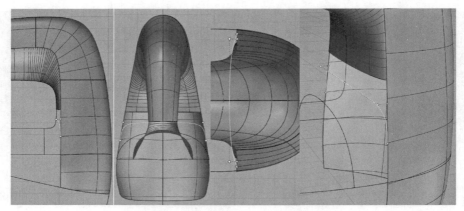

图 10-139

⑭ 在【Perspective】视图中，使用 🪝【_Sweep1 单轨扫掠】工具，选择上部曲线为路径，两个断面曲线进行单轨扫掠，创建曲面如图 10-140。

⑮ 在【Perspective】视图中，使用 🪝【_MatchSrf 衔接曲面】工具，将曲面边界与曲线进行衔接，如图 10-141。

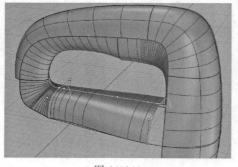

图 10-140　　　　　　　　　　　　　图 10-141

⑯ 在【Perspective】视图中，使用 🪝【_Sweep1 单轨扫掠】工具，选择第一段曲线为路径，两个曲面边界为断面曲线创建曲面，如图 10-142。

⑰ 在【Perspective】视图中，使用 🪝【_MatchSrf 衔接曲面】工具，选择上一步形成曲面边界与连接的两个曲面边界进行衔接，连续性选择位置，如图 10-143。

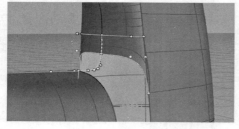

图 10-142　　　　　　　　　　　　　图 10-143

⑱ 在【Perspective】视图中，使用 🌠【_NetworkSrf 从网格建立曲面】工具，创建如图 10-144 所示的网格曲面。

⑲ 在【Perspective】视图中，使用 🔧【_Rebuild 重建曲面】工具，将网格曲面转换为 6 点 5 阶曲面，如图 10-145。

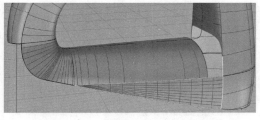
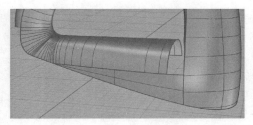

图 10-144

图 10-145

⑳ 在【Perspective】视图中，使用 🔵【_Sweep2 双轨扫掠】工具，选择两条 Y 方向曲面边界为路径（不能选中全部时选择连锁边缘选项），X 方向的两条曲面边界线和中间曲线为断面线进行双轨扫掠，创建如图 10-146 所示曲面。

㉑ 在【Perspective】视图中，使用 🔵【_MatchSrf 衔接曲面】工具将如图 10-147 所示两曲面交界处进行衔接，使其过渡顺畅，曲面连续性选择相切或者曲率，要改变的为右侧曲面边界。

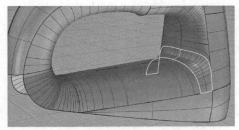
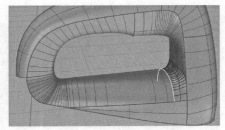

图 10-146

图 10-147

10.2.4 曲线锯主体轮廓线的绘制 4

① 在【Front】视图中，使用 🔲【_Curve 控制点曲线】工具，以参考图为基准，绘制一条曲线，使用 🔧【_Mirror 镜像】工具沿 X 轴方向将曲面镜像复制。如图 10-148。

② 在【Perspective】视图中，绘制如图 10-149 所示的直线，使用 🔧【_Mirror 镜像】工具将曲面镜像复制。

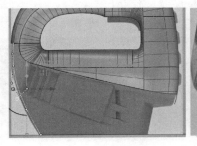
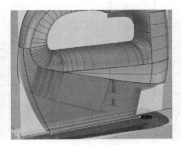

图 10-148

图 10-149

③ 在【Perspective】视图中，使用 【_BlendCrv 可调式混接曲线】工具，混接出一条曲线，两端与水平直线端点的连续性为相切。如图 10-150。

④ 在【Perspective】视图中，使用 【_Sweep2 双轨扫掠】工具，选择混接的曲线以及相对应的曲面边界为路径，较长的两条曲线为断面线进行双轨扫掠。如图 10-151。

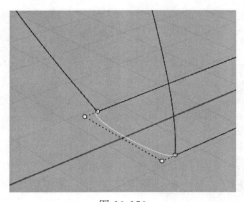

图 10-150

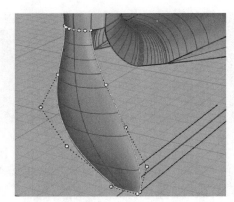

图 10-151

⑤ 使用 【_Rebuild 重建曲面】工具，将曲面转换为 6 点 5 阶最简曲面，如图 10-152。

⑥ 在【Perspective】视图中，使用 【_MatchSrf 衔接曲面】工具将两曲面交界处进行衔接，使其过渡顺畅，要改变的为下方曲面边界，连续性选择正切。如图 10-153 所示。

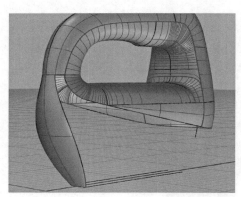

图 10-152

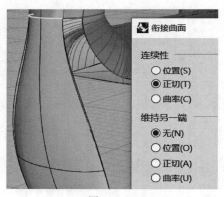

图 10-153

10.2.5　曲线锯主体轮廓线的绘制 5

① 在【Front】视图中，绘制如图 10-154 所示的直线。使用 【_Sweep2 双轨扫掠】工具，选择两条曲线为路径，两条断面线进行双轨扫掠，创建曲面。如图 10-155。

图 10-154

图 10-155

② 使用 【_Curve 控制点曲线】工具，以参考图为基准，绘制一条曲线，调节控制点的位置如图 10-156 所示。

③ 使用 【_Curve 控制点曲线】工具，以参考图为基准，绘制一条曲线，调节控制点的位置如图 10-157。

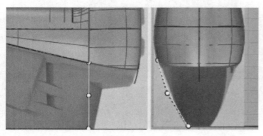 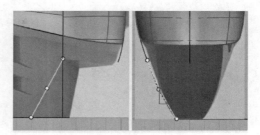

图 10-156　　　　　　　　　　　　　　　　图 10-157

④ 使用 【_Curve 控制点曲线】工具，以参考图为基准，绘制一条曲线，调节控制点的位置如图 10-158 所示。

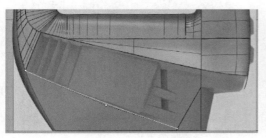 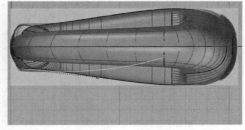

图 10-158

⑤ 在【Front】视图中， 【_Split 分割】工具选择短曲线为需要切割物件，长曲线为切割用物件，将短曲线分割成两段，如图 10-159。

⑥ 在【Front】视图中，使用 【_Sweep2 双轨扫掠】工具，选择两条较长曲线为路径，另两条为断面线进行双轨扫掠，创建曲面，如图 10-160。

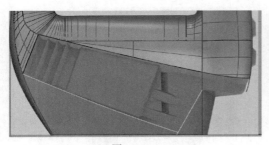 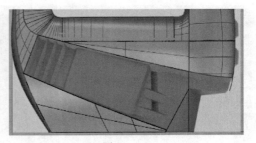

图 10-159　　　　　　　　　　　　　　　　图 10-160

10.2.6　曲线锯主体轮廓线的绘制 6

① 在【Front】视图中，使用 【_Offset 偏移曲线】工具选择三条曲线进行偏移，偏移距离为 4。如图 10-161。

② 在【Front】视图中，使用 🔧【_Rebuild 重建曲线】工具，重建 3 条曲线并调点曲线控制点至如图 10-162 所示位置。

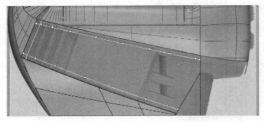

图 10-161

图 10-162

③ 在【Perspective】视图中，使用操作轴向内移动 2，再将右下角一个控制点向外移动 2 个数值。如图 10-163、图 10-164 所示。

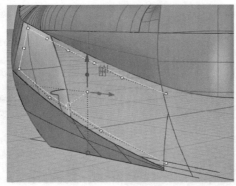

图 10-163

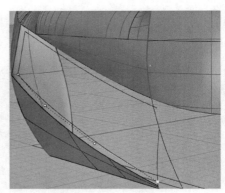

图 10-164

④ 在【Perspective】视图中，使用 🔧【_Mirror 镜像】工具将所选曲线沿 X 轴镜像复制。如图 10-165。

⑤ 在【Perspective】视图中，使用 🔧【_BlendCrv 可调式混接曲线】工具混接两条曲线。如图 10-166。

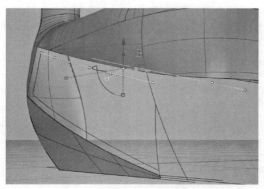

图 10-165

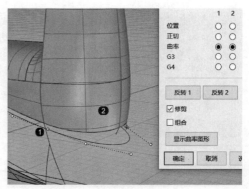

图 10-166

⑥ 在【Front】视图中，参照图片调节混接曲线控制点的位置。如图 10-167。

⑦ 在【Front】视图中，绘制一条截面曲线，如图 10-168。

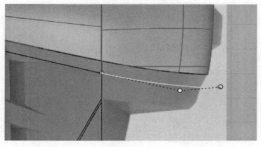

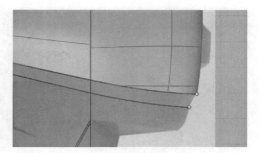

图 10-167　　　　　　　　　　　　　　　图 10-168

⑧ 使用 【_EdgeSrf 以二、三或者四个边缘曲线建立曲面】工具选择内外圈线段分别创建曲面。如图 10-169。

⑨ 使用 【_Sweep2 双轨扫掠】工具，选择较长的曲线和对应的曲面边界为路径，两条断面线进行双轨扫掠，如图 10-170。

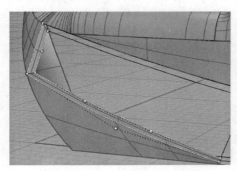

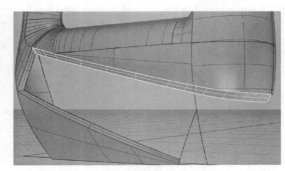

图 10-169　　　　　　　　　　　　　　　图 10-170

⑩ 在【Front】视图中，绘制如图 10-171 所示的一条曲线，在【Right】视图中，以参考图基准进行调点，如图 10-172。

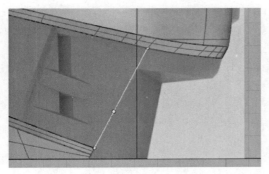

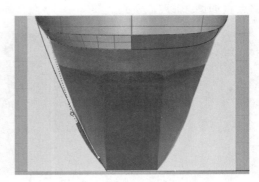

图 10-171　　　　　　　　　　　　　　　图 10-172

⑪ 在【Perspective】视图中，使用 【_Sweep2 双轨扫掠】工具选择上下两条边界线为路径左右两个断面进行双规扫掠，如图 10-173。

⑫ 在【Perspective】视图中选择曲面，使用 【_Mirror 镜像】工具将所选曲面以 X 轴为对称轴进行镜像复制，并将镜像的曲面连接处衔接成相切连续，如图 10-174。

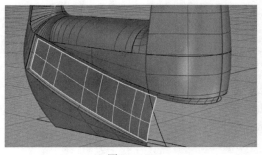
图 10-173

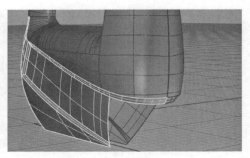
图 10-174

⑬ 在【Front】视图中，使用 【_ExtractIsoCurve 抽离结构线】工具，以参考图为基准，抽离一条曲线。使用 【_Mirror 镜像】工具将结构线以 X 轴为对称轴进行镜像复制，如图 10-175。

⑭ 在【Perspective】视图中，使用 【_BlendCrv 可调式混接曲线】工具将在两条结构线之间混接出一条曲线。如图 10-176。

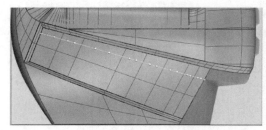
图 10-175

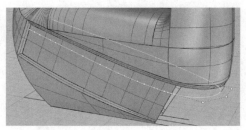
图 10-176

⑮ 在【Front】视图中，参照图片对上一步混接的曲线进行调点。如图 10-177。

⑯ 在【Front】视图中，使用 【_InterpCrv 内插点曲线】工具绘制一条曲线，调节控制点，如图 10-178 所示。

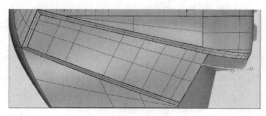
图 10-177

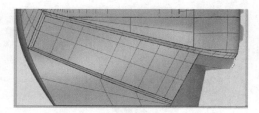
图 10-178

⑰ 在【Front】视图中，使用 【_SplitEdge 分割边缘】工具将两侧曲面边缘在与曲线的交点处分割，如图 10-179。

⑱ 在【Perspective】视图中，使用 【_Sweep2 双轨扫掠】工具选择上界线下曲线为路径，两侧曲面边缘以及中间绘制的曲线为断面线进行双轨扫掠，如图 10-180。

⑲ 在【Front】视图中，使用 【_Line 单一直线】工具绘制一条直线，在【Right】视图中，调节直线控制点如图 10-181 所示。

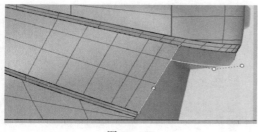

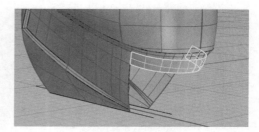

图 10-179　　　　　　　　　　　　　　　　图 10-180

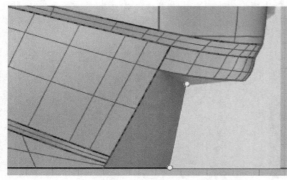

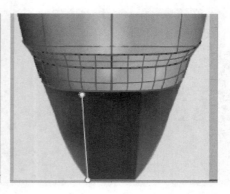

图 10-181

⑳ 在【Front】视图中，绘制如图 10-182 所示的断面线，使用 【_Sweep2 双轨扫掠】工具选择左侧多个曲面的边界以及右侧曲线为路径，上部绘制的断面线进行双轨扫掠。如图 10-183。

注意：　选择路径时选择连锁边缘选项，以确保左侧多个曲面边界能够同时选为一条路径。

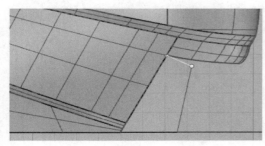

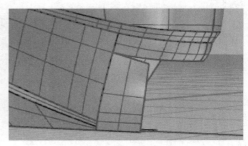

图 10-182　　　　　　　　　　　　　　　　图 10-183

㉑ 在【Perspective】视图中，使用 【_Mirror 镜像】工具将扫掠的曲面以 X 轴为对称轴镜像复制。如图 10-184。

㉒ 在【Perspective】视图中，使用 【_Loft 放样】工具选择左右相对的两个曲面边界进行放样。如图 10-185。

㉓ 在【Perspective】视图中使用 【_Curve 控制点曲线】工具，绘制如图 10-186 所示的一条曲线。

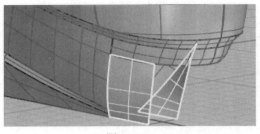

图 10-184

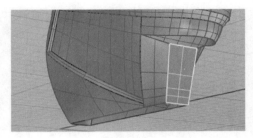

图 10-185

㉔ 在【Perspective】视图中使用 【_PlanarSrf 以平面曲线建立曲面】工具，生成平面。如图 10-187。

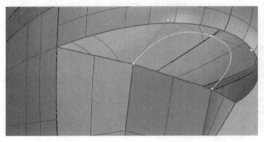

图 10-186

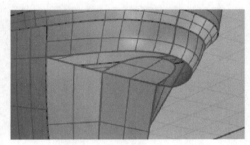

图 10-187

㉕ 在【Perspective】视图中，使用 【_Sweep2 双轨扫掠】工具选择两条曲面边界为路径，另外两个曲面边界为断面进行双规扫掠，创建曲面。如图 10-188。

㉖ 在【Perspective】视图中使用 【_PlanarSrf 以平面曲线建立曲面】工具，创建面。如图 10-189。

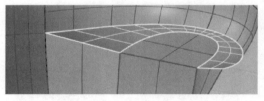

图 10-188

图 10-189

10.2.7　曲线锯主体轮廓细节

① 在【Front】视图中，使用 【_ Rectangle 矩形】工具参照图片绘制矩形，如图 10-190。

② 在【Front】视图中，使用 【_Array 矩形阵列】工具沿数值方向阵列出 3 个矩形，参考图片位置如图 10-191。

③ 在【Front】视图中，使用 【_Split 分割】工具用矩形将曲面分割，如图 10-192。

④ 在【Front】视图中，使用 【_Rectangle 矩形】参考图片绘制矩形，使用 【_Array 矩形阵列】参考图片位置阵列矩形，如图 10-193。

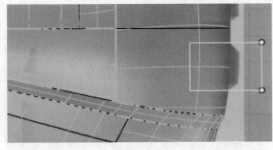

图 10-190

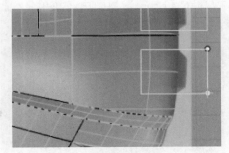

图 10-191

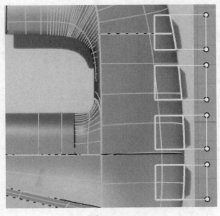

图 10-192

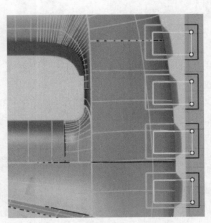

图 10-193

⑤ 在【Front】视图中，使用 ┻┓【Split 分割】工具用矩形将分割曲面再次分割，如图 10-194。

⑥ 在【Front】视图中，参照背景图，使用操作轴工具将分割得到的曲面沿 X 轴向前移动，如图 10-195。

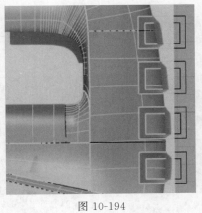

图 10-194

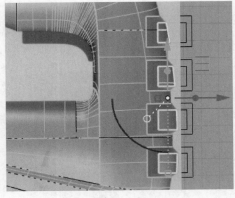

图 10-195

⑦ 在【Perspective】视图中使用 ▨【_Loft 放样】工具选择已分割曲面边界与原曲面边界进行放样，创建曲面。如图 10-196。

⑧ 在【Front】视图中，使用 ⋀【_Polyline 多重直线】与 ⛶【_Curve 控制点曲线】工具绘制按钮，形状如图 10-197 所示。

图 10-196

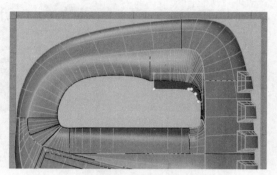

图 10-197

⑨ 在【Perspective】视图中使用 ▦【_ExtrudeCrv 挤出封闭的平面曲线】工具两侧挤出曲面。如图 10-198。

⑩ 在【Perspective】视图中使用【_BooleanDifference 布尔运算差集】工具，选取要被减去的曲面或多重曲面为主体，选取要减去其他物件的曲面或多重曲面为按钮，将曲面中的按钮部分减掉，如图 10-199。

✎ **注意：** 布尔运算时，删除输入物件选否，否则会将按钮删除掉。

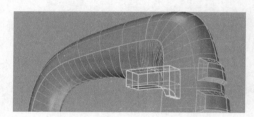

图 10-198

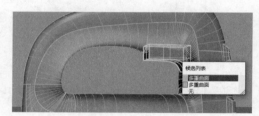

图 10-199

⑪ 在【Perspective】视图中隐藏按钮，使用 ⬛【_FilletEdge 边缘圆角】工具，将按钮沉槽边界进行圆角处理，如图 10-200。

⑫ 在【Perspective】视图中将按钮取消隐藏显示出来，使用 ⬛【_FilletEdge 边缘圆角】工具，将按钮边界进行圆角处理，如图 10-201。

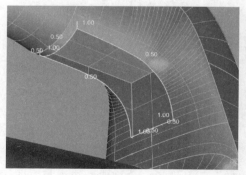

图 10-200

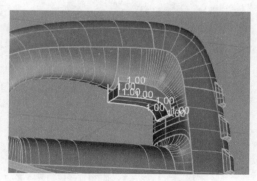

图 10-201

⑬ 在【Front】视图中，使用 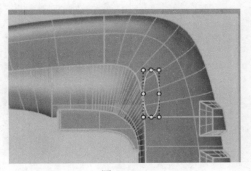【_Ellipse 椭圆】工具，参照图片绘制一个椭圆，如图 10-202。使用 【_Project 投影曲线或控制点】工具将椭圆投影到曲面上，如图 10-203。

图 10-202

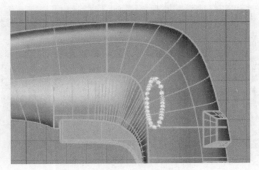

图 10-203

⑭ 在【Perspective】视图中，使用 【_Split 分割】工具，要分割物件选择主体，切割用物件选择椭圆投影，将曲面进行分割，如图 10-204。

⑮ 在【Perspective】视图中使用 【_Pause 挤出曲面】工具选择椭圆曲面向内挤出 3，如图 10-205。

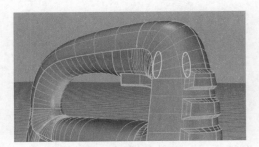

图 10-204

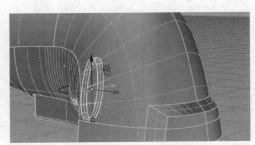

图 10-205

⑯ 在【Perspective】视图中，使用 【_Explode 炸开】工具，将上一步挤出实体进行分解，并将外侧曲面删除如图 10-206。

⑰ 在【Perspective】视图中使用 【_Pause 挤出曲面】工具选择内侧椭圆曲面向外挤出 5，如图 10-207。

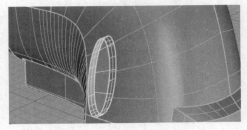

图 10-206

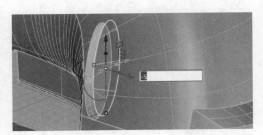

图 10-207

⑱ 在【Perspective】视图中，使用 【_Mirror 镜像】工具以 X 轴方向为对称轴将所选曲面进行镜像复制，如图 10-208。

⑲ 在【Perspective】视图中将按钮隐藏，使用 ⬜【_FilletEdge 边缘圆角】工具，将曲面凹槽边界进行圆角处理，如图 10-209。

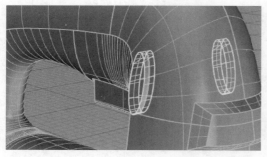

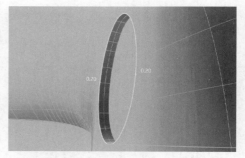

图 10-208　　　　　　　　　　　　　　　　　图 10-209

⑳ 在【Perspective】视图中将按钮取消隐藏，使用 ⬜【_FilletEdge 边缘圆角】工具，对按钮边界进行圆角处理，如图 10-210。按钮及凹槽圆角后效果如图 10-211。

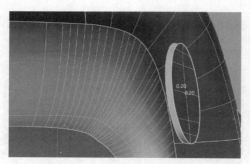

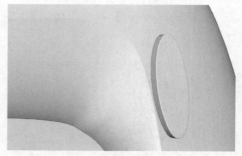

图 10-210　　　　　　　　　　　　　　　　　图 10-211

㉑ 在【Front】视图中，使用 ⋀【_Polyline 多重直线】工具参照背景图画出一个框（8 条边），如图 10-212。使用 ⬛【_Split 修剪】工具将框内的曲面修剪掉，如图 10-213。

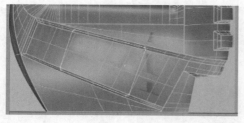

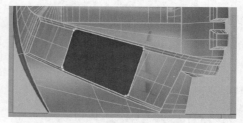

图 10-212　　　　　　　　　　　　　　　　　图 10-213

㉒ 在【Front】视图中，使用 ⋀【_Polyline 多重直线】工具绘制如图 10-214 所示的两条直线。

㉓ 使用 🔘【_Sweep2 双轨扫掠】工具，创建如图 10-215 所示的三个曲面，并合并曲面。

㉔ 在【Front】视图中，使用 ⋀【_Polyline 多重直线】工具参照背景图绘制 3 个四边形，如图 10-216。使用 ⬛【_Split 修剪】工具将四边形内的曲面修剪掉，如图 10-217。

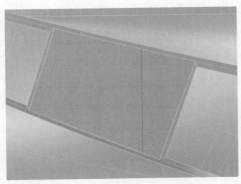

图 10-214

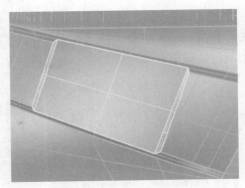

图 10-215

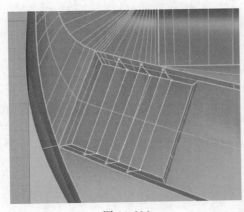

图 10-216

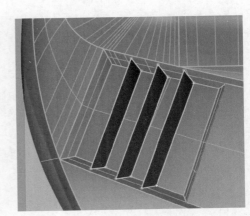

图 10-217

㉕ 在【Perspective】视图中，使用 【_EdgeSrf 以二、三或者四个边缘曲线建立曲面】工具，依次创建六个曲面并进行曲面组合，如图 10-218。

㉖ 使用 【_Mirror 镜像】工具沿 X 轴方向为对称轴将所选曲面进行镜像复制，如图 10-219。

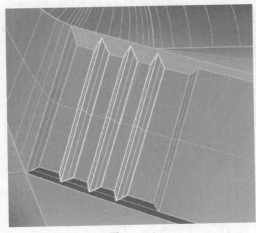

图 10-218

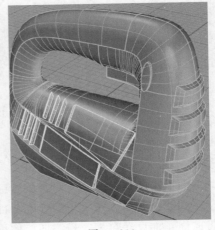

图 10-219

㉗ 在【Front】视图中，使用 △【_Polyline 多重直线】工具参照背景图片画出三个四边形，如图 10-220。使用 ⊿【_Split 分割】工具将曲面进行分割，要分割物件选择主体，切割用物件选择上一步所绘制三个四边形，如图 10-221。

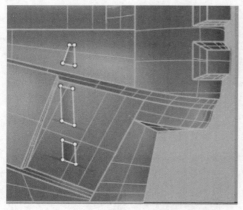
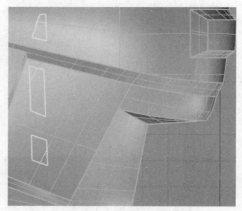

图 10-220　　　　　　　　　　　　　　　　图 10-221

㉘ 在【Perspective】视图中使用操作轴工具选择上一步分割出曲面向内挤出 5，如图 10-222。

㉙ 在【Perspective】视图中，将挤出的块体使用 ⊿【_Explode 炸开】工具进行分解，并将外侧的曲面删除，如图 10-223。

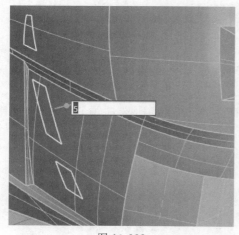
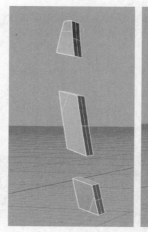

图 10-222　　　　　　　　　　　　　　图 10-223

㉚ 在【Perspective】视图中，将曲面控制点打开，选择内侧曲面上的所有点，沿 X 轴方向向左移动 5，如图 10-224。

✎ **注意：** 如果控制点为原切割曲面上的点，需要使用 ▣【_ShrinkTrimmedSrfToEdge 缩回已修剪曲面至边缘】工具，将控制点缩回到内侧曲面的边缘，以方便选择和调控。

㉛ 在【Perspective】视图中，将曲面进行组合，并使用 ▥【_Dir 显示物件方向】工具，将曲面正面反转过来，最终凹坑效果如图 10-225。

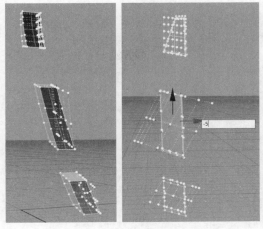

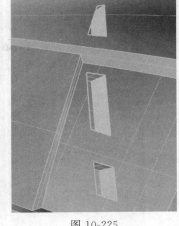

图 10-224

图 10-225

10.2.8　曲线锯主体部分 KeyShot 渲染

① 打开 KeyShot 软件，导入模型文件，点击右下角移动工具，出现操作轴，将模型调正，移动工具窗口，选择高级/对齐到/地面，将模型贴合到地面，如图 10-226。

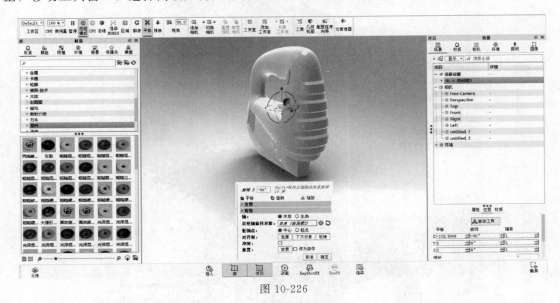

图 10-226

② 渲染时，如果两个不同材质的物件出现材质链接，可以将链接的物件在场景设置中选中，点击右键/材质/解除链接材质。但最好是在渲染之前，在 Rhino 软件中将不同材质和颜色的物件放到不同图层中，如图 10-227。

③ 在左侧材质中选择合适的材质拖到物件上就会附上相应的材质，或者鼠标左键双击物体，在材质面板中重新选择材质类型（此处选择的是表面粗糙的硬塑料），如图 10-228。

④ 调节材质参数，选中右侧材质/漫反射后进行颜色调节，高光、粗糙度、折射指数可根据自己需要调节，如图 10-229。

⑤ 左侧库中拖动适合的环境光到场景中，如图 10-230。

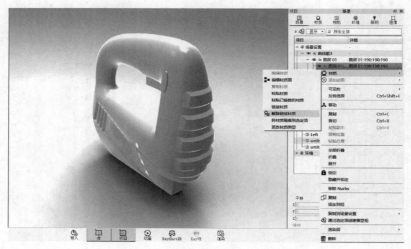

图 10-227

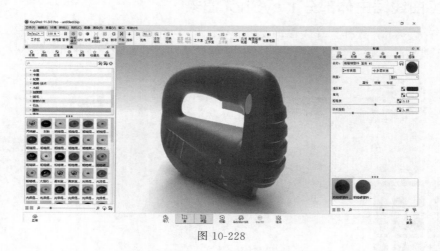

图 10-228

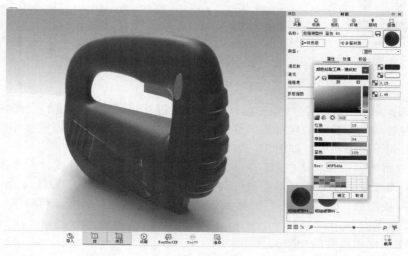

图 10-229

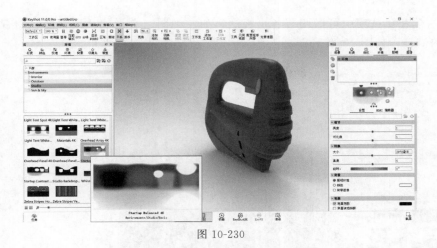

图 10-230

⑥ 右侧环境面板中，背景项目中，选择合适颜色，其他选项可自己调节，如图 10-231。

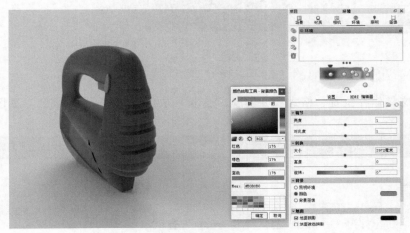

图 10-231

⑦ 右侧照明面板中，照明预设值选择产品，调试需要照明预设值，如图 10-232。

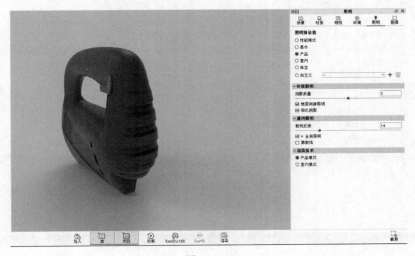

图 10-232

⑧ 在右侧相机选项中可以调节各个视图，如左视图、右视图、顶视图、俯视图等进行不同视图的渲染，如图 10-233。

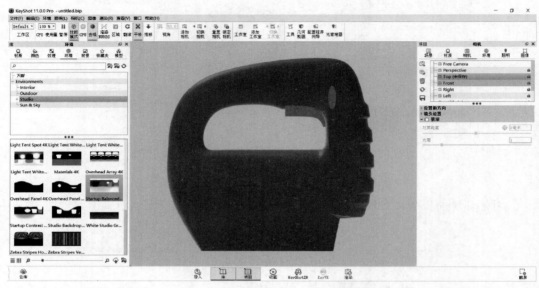

图 10-233

⑨ 选择文件储存位置、格式和分辨率，点击下方渲染，进行渲染输出，如图 10-234。

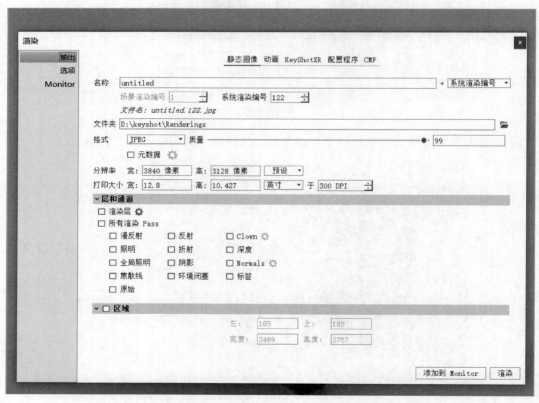

图 10-234

渲染效果图如图 10-235 所示。

图 10-235

附录

1+X 等级考试初级样题

题目：机顶盒建模

请根据下图中的机顶盒设计原稿，使用考核用计算机所提供的软件与素材资源，制作出相应的模型，按要求截出六视图：

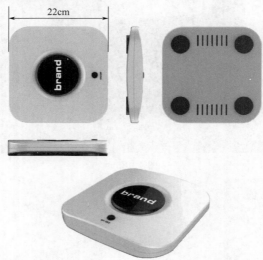

提供素材：模型四视图、模型尺寸。

建模要求：

1. 模型比例、尺寸准确。

2. 使用 Rhino 等曲线建模工具制作模型时，产品模型曲面连续性至少达到 G1（正切关系）或 G1 以上。

3. 使用 3dsmax 等多边形建模工具制作模型时，模型面数不大于 10000 面。

4. 效果图排版要求：最佳效果图、六视图。

模型效果图示例：

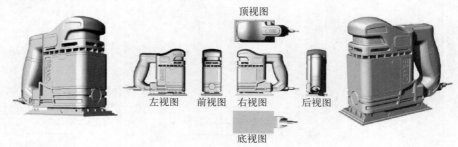

提交文件要求：

1. 最终提交文件包括：①模型源文件；②若使用多边形建模，额外提交一份通用格式（obj 或 fbx）文件；③最终排版的 JPEG 文件。

2. 考试内容打包为 zip 格式文件并按照"考号_姓名.zip"的形式提交，例如："1234567_王浩.zip"。

1+X 等级考试中级样题

题目：遥控器建模

请根据下图中的遥控器设计原稿，使用考核用计算机所提供的软件与素材资源，制作出相应的模型，按要求渲染输出：

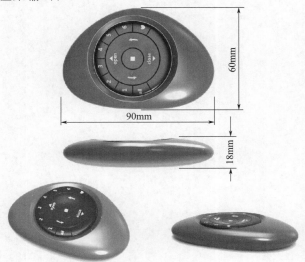

提供素材：模型各视角图片；模型尺寸。

建模要求：

1. 模型比例、尺寸准确。

2. 使用 Rhino 等曲线建模工具制作模型时，产品模型曲面连续性至少达到 G1（正切关系）或 G1 以上。

3. 使用 3dsmax 等多边形建模工具制作模型时，模型面数不大于 10000 面。

4. 贴图可以使用软件自带材质。

5. 模型制作完成后使用电脑提供的渲染器进行渲染，并进行排版。

6. 最终排版参考题目中的排版。

效果图示例：

提交文件要求：

1. 最终提交文件包括：①模型源文件；②若使用多边形建模，额外提交一份通用格式（obj 或 fbx）文件；③最终排版的 JPEG 文件。

2. 考试内容打包为 zip 格式文件并按照"考号_姓名.zip"的形式提交，例如："1234567_王浩.zip"。

1+X 等级考试高级样题

题目：呼吸罩建模

请根据下图中的呼吸罩设计原稿，使用考核用计算机所提供的软件与素材资源，制作出相应的模型，按要求渲染输出。

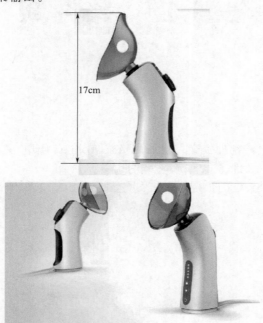

提供素材：①模型视图；②模型尺寸。

建模要求：

1. 模型比例、尺寸准确。

2. 使用 Rhino 等曲线建模工具制作模型时，产品模型曲面连续性至少达到 G1（正切关系）或 G1 以上。

3. 使用 3dsmax 等多边形建模工具制作模型时，模型面数不大于 10000 面。

4. 可以使用软件自带材质。

5. 自行选用考试计算机中所提供的渲染工具进行渲染。

6. 效果图排版要求：最佳效果图、六视图。

参考渲染图如下：

模型效果图示例：

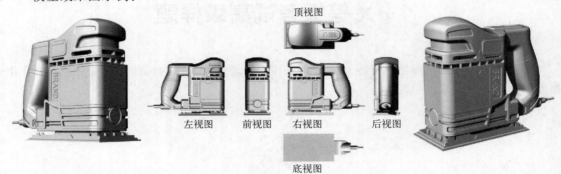

左视图 前视图 右视图 后视图

顶视图

底视图

提交文件要求：

最终提交文件包括：

1. 模型源文件。

2. 若使用多边形建模，额外提交一份通用格式（obj 或 fbx）文件。

3. 最终排版的 JPEG 文件。

考试内容打包为 zip 格式文件并按照"考号_姓名 . zip"的形式提交，例如："1234567_王浩 . zip"。